社区规划理论与实践丛书
丛书主编　刘佳燕

社区规划的社会实践
——参与式城市更新及社区再造

刘佳燕　王天夫　等著

中国建筑工业出版社

图书在版编目（CIP）数据

社区规划的社会实践——参与式城市更新及社区再造 / 刘佳燕等著 .
北京：中国建筑工业出版社，2019.3（2023.6 重印）
（社区规划理论与实践丛书）
ISBN 978-7-112-23314-4

Ⅰ.①社…　Ⅱ.①刘…　Ⅲ.①住宅区规划—研究 – 中国　Ⅳ.① TU984.12

中国版本图书馆 CIP 数据核字（2019）第 029232 号

　　本书收录了近年来中国城市社区规划实践的一批代表性前沿案例，由案例的主要负责人或主持者执笔，分别从实践背景、组织、进程、特点、未来展望和挑战等方面进行详尽介绍，并呈现出空间更新与社会治理协同推进的跨学科特色。本书内容丰富、图文并茂，紧密结合当前城市微更新与基层社会治理创新的新趋势和前沿探索，可供城市规划、建筑学、景观学、社会学、社会工作、公共管理相关专业师生和研究人员，以及关注社区规划理论和实务的政府部门、社会组织相关人士和社会大众参考。

责任编辑：黄　翊　徐　冉
责任校对：王宇枢

社区规划理论与实践丛书
丛书主编　刘佳燕
社区规划的社会实践
　　——参与式城市更新及社区再造
刘佳燕　王天夫　等著
*
中国建筑工业出版社出版、发行（北京海淀三里河路9号）
各地新华书店、建筑书店经销
北京雅盈中佳图文设计公司制版
建工社（河北）印刷有限公司印刷
*
开本：787×1092毫米　1/16　印张：13½　字数：263千字
2019年5月第一版　2023年6月第六次印刷
定价：58.00元
ISBN 978-7-112-23314-4
　　（33599）

序　一

　　本丛书的社区规划概念在中国的学术建设、学科建设和社会建设中均具有创新意义。以往的学术专业上分别有城市规划和社区研究，而社区规划是规划与社区的结合，仅此一点就颇具创新涵义。社区既是"物"的存在空间，也是"人"的生活空间，社区的公共物品因人们的使用而具有了功能属性、美学意义和象征意义，在这个过程中也形塑了人们互动的形式和深度。所以，作为城市规划产品的社区物质空间就因人的存在和互动而产生了价值标准。我们认识到，不能因研究领域的分割而分裂现实生活的完整性，社区规划突破了传统学科研究的界限，创新了对完整社会、完整社会事实认识的探索。

　　据老一代社会学家费孝通先生回忆，汉字里的"社区"一词是 20 世纪 30 年代，费先生与同学们一起在翻译来访的美国芝加哥派著名社会学家 R·帕克讲课中使用的 community 一词时提出的。所以，社区是一个典型的社会学概念。而关于规划、城市规划的概念，过去主要是建筑学的专业术语。由此看来，"社区规划"概念体现了社会学与建筑学这两大学科的结合。在经典社会学家的著作中，社区是在一定空间范围内，具有共同生活方式、情感和传统的生活共同体。大量的研究表明，居民参与公共活动是培育共同体最为核心的内容，而社区的公共活动空间在其中起到了很大的作用；然而，从目前的理论体系的建构上看，社区物质空间与社区共同体的互动机制还不甚清晰。当前的社区规划实践，是一个建筑学者和社会学者共同参与的领域，社区规划结合了社会学和建筑学各自的优势和特点，对深入认识社区运行机制和提升社区品质具有重大意义。在实践层面，社会学通过动员规划学者和居民的共同参与，将作为建筑结果的社区空间规划规范化，赋予其以活力和价值关怀；建筑学通过对功能、布局和审美的绝佳把握，为社会互动设计了最恰当的表达场景，激发了人内心的美和潜能，为社会团结创造了坚实的空间基础。在理论层面，建筑学可以检验其理论的场景适用性，并能丰富对"参与式规划"的相关理论认识；对社会学而言，建筑规划变成了一项社区公共行动，如果将社区规划视为一种技术的引入，这里面涉及了大量的权力、权益行为以及文化行为，因此社区的物质空间研究为社会学理论构建提供了深厚的空间领域基础。

社区规划也是为适应广大人民群众的社区生活需求而发展起来的。改革开放以来，我国的社区发生重大变迁，产生了很多新的社区类别，人们对社区生活品质、社区生活质量的要求发生很大变化，广大人民群众对美好生活的需要是学术、学科和理论发展的重要动力。建设规划传统上主要是专业机构参与的一项行政事务，随着善治的理念和公平的理念向多个领域和行业的扩展，识别并满足多样化和个性化的社区需求逐渐成为规划制定者和实施者的工作理念。在此种理念指导下，社区规划一方面能更好地解决传统社区规划所积蓄的矛盾，另一方面，"参与式规划"可以直接将居民的美好需求变为能够落地的专业化方案。社区规划是时代的新产物，本丛书对社区规划实践进行及时的总结是非常必要的，通过学术的、学科的和理论体系的建设，完善和提升实现广大人民群众社会需求的应对机制。

社区规划必须以人为本，保障和改善民生服务。社区规划是定制化的规划，是为适应各种社区美好需求的规划。高档社区完全可以借助多种市场力量实现高水平规划，但本丛书的案例更多地关注那些公共空间匮乏、生活水平还不太高的社区，包括众多老旧小区，因为这样的社区在今日中国占据很高比例，对这些问题的关注也是引导这个新学科发展的价值取向。因此，社区规划面对最多的问题便是，如何在有限的财力和物力下实现社区空间的改造，如何将各方的有效需求纳入规划制定之中，新的空间如何能长期提升居民参与的积极性，最终的目的是保障和改善民生。费孝通先生曾阐释他的学术奋斗理念是"各美其美，美人之美，美美与共，天下大同"。社区规划作为一个交叉学科，也应传承这一理念。

李强

清华大学社会科学学院教授

清华大学文科资深教授

2019 年 3 月 28 日

序　二

　　一转眼，指导刘佳燕同志完成她的博士论文《城市规划中的社会规划》已十几年过去了，当时这是国内最早的一篇探讨城市规划工作中社会学领域问题的工学博士论文。十分欣喜地看到，这十几年来佳燕同志不忘初心，无论是在清华大学社科学院追随李强教授从事博士后工作，还是后来留校执教，均锲而不舍地在这一学科方向上持续耕耘，终有硕果。面对厚厚的书稿和丛书的出版计划，甚喜甚慰。

　　社区规划是中国城市规划理论研究和实践序列中的"迟到者"，从较为系统的观念引进到近年来颇具自下而上色彩的逐步兴起的实践总共也不过20年光景。梳理一下，这种"迟到"是有其原因的。

　　其一，中国古代城市规划源于礼制、礼法。强调等级化的社会秩序与空间秩序一体化，在漫长的实践中虽有民间智慧和基于经验主义的科学认知为补充，也时有顺应自然的筑城亮点和顺应民生需求的局部调整，但比较严谨的自上而下、层级化的社会序列投影于空间序列仍是主流，并无关注社会问题和基层社会管理单元的空间营造传统。

　　其二，中国现代城市规划理论和实践体系是伴随着西学东渐的进程从国外引进的。欧洲是现代城市规划思想的策源地。其源起是对底层社会问题的关注；其实践和方法体系是针对伴随着工业化进程而出现的公共卫生问题、贫民区问题、工人阶级住房问题等一系列复杂社会问题的解决去做的；其早期解决问题的逻辑是有序的空间环境会带来或催生有序的社会环境，实现生活质量的普遍提升，解决发展中带来的社会不平等现象。从空间尺度上看，它的实践体系是从社区入手，逐步走向城市，再走向区域，逐步放大的。同时，虽然工科在城市建设中有极大的工具作用，但其价值体系和治理体系的形成和演进一直是社会理想和社会科学所主导的。在这个进程中，城市规划工作是空间权益分配中政府、市场和民众三方博弈的渠道和桥梁，也更是基层民众平衡（有时甚至是对抗）政府所代表的国家机器强制力和资本代表的市场强大诱惑力的手段。就立场而言，它多少带有无政府主义的基因和反资本主义的色彩，代表社会的弱势群众发声、代表基层民众的诉求发声也是常事。所以，关注社会问题、关注社区规划一直是国际上与大建设和顶层设计并行并互为补充的学科与实践主流。多年前，张庭伟教授"向权力讲述真理"一文就很好地总结了现代城市规划思想史的这一特征。

其三，中国引进现代化城市规划理论与实践体系的时间点和早期实践者的背景构成有影响至今的效应。伴随着洋务运动和第二次大规模西学东渐之风的兴起，现代城市规划进入中国，从当时知识分子的整体倾向看，表现出崇尚实用、注重科技和追求民主的风气。"拿来主义"居多，少有思想或价值体系的深究，实践中最明显的是初建城市公共卫生和公共服务系统，并引入功能主义规划的方法初建城市功能分区发展的路径。张謇在南通的实践集成度较高，被吴良镛院士誉为"中国近代第一城"。其实，兴新学、办工厂、建医院、辟公园等自保一方民生的事，从清末民初直到抗战爆发，不少地方割据者都存类似实践。而当时留洋归来的建筑师、工程师是这一系列具体实践的技术主导者。至1945年抗战胜利后，陆续出台的一批"都市计划"在理念和方法上已与国际接轨，但数量少，实践期很短，其遗产直到1990年代才又被发掘利用（如大上海都市计划）。"市政社会主义"这个词曾被用于概括同时期的西方战后重建时期，中国那时的实践也有此特点。

其四，当代中国规划体系的形成及社区规划的"迟到"。1949年中华人民共和国成立后，为国际形势所迫，学苏联，一边倒，城市建设全面服务于中国迫切需要启动的工业化进程，城市规划与国民经济发展五年计划全面对接曾是其基本特征。记得1980年我进清华读书时还有机会读过不少苏联的城市规划教材，虽然苏联与欧洲意识形态和国家体制差别巨大，但城市规划体系还是有很强的传承性的，理论和实践中强调以人为本，关注民生是与工业化并行的主线，生产与生活空间的匹配关系一直被重视。但中国当年的经济基础薄弱，生存环境逼仄，发展压力急迫，要支撑这种理想中的匹配是很难做到的。随后的实践也走上了工业化优先、忽视（或某种程度上放弃）城市化的发展道路，城市规划曾遭重创。在那个整体资源短缺的年代，连自上而下的配给化的生活供给体系都难维系，更没有自下而上的社会治理和社区规划需求；况且反右运动后社会学在中国处于被消失的状态，直到1990年代中后期才得以重建，所以社会规划的"迟到"也就顺理成章了。

对于社区规划在中国从理论到实践的崛起，在佳燕撰写的前言中已讲得很清楚了。这是对中国城市规划思想体系的补充，也是意义深刻的变革，就变革的价值还可以再多说几句。

1. 发展要与社会进步同步推进。在国际语义中，发展更强调精英的作用，更强调自上而下的进展推进；而进步更强调美好生活的个人共享和进程中每个人都有贡献。"发展是硬道理"在中国已取得了巨大的成就，表现出了国家意志超乎寻常的传导力和执行力。但如何让每个人共享发展成果，消除不充分和不均衡的矛盾则是新问题。简单地用发展的路径去解决是有问题的，最典型的后果就是"端起碗吃肉，放下碗骂娘"，这与发展理念中对统治权力和执行权力的过度运用，以及对内在权力和共同权力的忽视有直接的关系。

2. 内在权力培养和共同权力引导是社会基层治理成败的关键。任何变革的进程，都是权力再分配的进程。权力不仅仅是以国家意志为主体，以等级、传导和支配为特征的统治权，也不仅仅是利益驱动下行动和实施为特征的行使权，另外两种权力在基层社会治理中会更重要。一是内在权力，这是每个人都有的、来自于个人自信和资格认同的权力。这种权力意识和构造能力的丧失是基层社会失去发展和进步源动力的根源。如不重视内在权力的培育，任何外部干预和援助、施舍都无法带来可持续的进步。二是共同权力，这是由共识达成而凝聚的集体权力，是在社会环境中对内在权力的磨合和再组织。缺少共同权力认知的社区是一盘散沙，缺少共同权力认知的社区哪怕时有能人出现，也会"人去茶凉"、"人走政亡"。

3. "高手无定式"，尊重实践者的智力独立性很重要。社区规划现在的实践是多视角、多维度的，这是难能可贵的好现象。千万别急于"规范化"，更不要去迷信工具包。从规划史上看，工具包解决的是达标或及格的问题，解决不了创新和变革的问题。社区规划中更重要的是随机应变、方法实验、培育自信、敢作敢为。

最后衷心祝贺这套丛书的出版，并欣喜地看到这里的实践者大多是中国城市规划从业者的"中生代"。这个群体是由共同的价值观凝聚而成的，必定可以青春永驻，不仅仅可以在社区规划中创新"中国方案"，你们的实践也会创造出平衡发展与进步这一国际难题的"中国答案"。

尹稚

清华大学建筑学院教授

清华大学城市治理与可持续发展研究院执行院长

2019 年 4 月 16 日

前　言

中国改革开放和大规模城市化进程带来翻天覆地、日新月异的变化，在推动更集约土地开发、更高效生产效率、更舒适生活环境的同时，也带来大规模、高密度、陌生化以及充满了高度流动性和不确定性的现代社会环境。当我们把目光从长久聚焦的宏大壮阔的城镇化叙事转向每个人的真实生活，不难发现，微观尺度的邻里社区日益成为各种矛盾的聚焦点。一方面，日常生活环境品质在很大程度上滞后于人们日益增长的美好生活需要，社会服务设施短缺，公共活动空间不足，因停车、晒衣、休闲活动等引发的"空间争夺战"甚至成为众多社区邻里矛盾的主要导火索；另一方面，社区内部、邻居之间充斥着不信任、不安全感，曾经孩子们可以楼下嬉戏、往来串门的场景日愈罕见，引发"重金买张床，老死不往来"的感慨。

应对上述问题，一方面需要通过城市更新，来弥补长期以来微观人居环境建设滞后的欠账；另一方面需要再造我们的社区，从冷冰冰的住宅集合体重新回归到有温度的生活共同体。这对于社区工作中很多传统的价值观和方法都提出了新的挑战：大规模拆迁重建的更新策略日趋难以为继，关注空间布局和千人指标的居住区规划面对越来越多的存量更新暴露出种种不适应，聚焦矛盾调解或制度建议的社会学干预亦效力有限。社区虽然尺度微观但并不简单，和城市一样，是一个高度复合的社会—空间复杂系统，因而需要多学科、全维度的研究视角和干预手段；另一方面，美好社区的生命力离不开可持续发展能力，来自共同家园共同参与营造的社会实践过程，故而强调从"为人的规划"转向"与人的规划"——这正是社区规划的意义和价值所在，也是本书书名的来由。

自20世纪末期，国内开始出现社区规划的概念引入、理论探讨和实践活动，但大部分在分部门、分学科主导的背景下，或从空间规划视角出发关注物质环境改造和设施配建，或从社会学视角聚焦社会组织和社会动员。伴随城市规划与建设的转型，以及中央不断强调深化社会治理创新战略，近年来，在全国各地涌现出一批新型的社区规划实践，而且难能可贵的是很多已不再是简单的规划委托项目，而成为一个个跨学科团队扎根地方的长期实践探索，对比前者可谓之"社区规划2.0版本"。

2018 年 5 月，清华大学建筑学院和社科学院联合主办 2018 首届清华"社区规划与社区治理"高端论坛，聚焦近年来各地在社区规划方面最前沿且富有代表性的一批实践案例进行研讨，会后整理形成此书。其中凸显出几个特点：

其一，多元模式创新。本书中收集的 11 个案例作为当前蓬勃发展的社区规划实践浪潮之缩影，展现出多元主体参与、多种模式推进的探索，可谓百花齐放。从推动主体而言，包括政府、规划机构、专家学者、社会组织等；从主导领域而言，有规划设计为主融合社会干预，如北京的方家胡同整治、厦门鹭江剧场文化公园的活化，也有以公共空间改造为抓手指向社区能力建设，如成都的老旧院落微更新；从操作模式而言，有政府搭建开放平台引入文创资源激活历史街区，如北京的大栅栏更新计划，有从社区治理出发培育居民作为可持续社区规划的在地力量，如上海嘉定的愿景规划师工作，也有跨学科团队与基层政府协作整合社会治理创新和参与式社区规划，如北京的"新清河实验"，还有以居民共建花园推动社区参与和邻里联结，如上海的社区花园建设。

其二，跨学科团队协作。正如论坛主题"跨界·共营"所示，这些实践案例的一大成功经验来自于多学科的协作，包括城市规划、建筑学、景观学、社会学、社会工作、公共艺术、公共管理等，甚至有案例负责人曾在互联网界工作多年，巧妙地将"资源链接"的互联网思维引入社区，并实现立足本地、事半功倍的效果。这背后对于团队成员的跨界对话和协作能力有很高要求，并非简单地进行专业分工然后合并成果，而需要随时共同工作的有机团体，用"系统论"，而非机械式"还原论"的思维指导工作，从而回应社区这个复杂的社会—空间系统。"跨界"的另一层含义，是需要跳出长期以来大量规划设计或社会研究久居学科中央"坐而论道"的局限，面对真实而迫切的社区发展需求，规划设计者需要把精英式的专业判断变成与大众良好沟通的语言并形成共识，把漂亮的空间蓝图落地成为有良好体验的真实场所。社会学者则需要从机制研究、问题评估走向前端，探索对于社会关系干预的可能路径。在北京东四南的案例中，城市规划师跨界筹办社会组织和社区基金会，在历史文化街区保护和更新中发挥了重要的资源整合和社会动员作用。这些看似"不务正业"的工作，恰恰是让我们的学科研究走下象牙塔，走向生活，实现理想落地，并获得社会认可的保障和基础。

其三，在地实践探索。我国早期城市规划和社会学科的发展在很大程度上都借鉴了西方成果，包括社区规划和社区营造，但实践显示，中国有着独特的制度背景和社会架构，拿来主义暴露出水土不服的问题，不仅出现在欧美经验，还包括同在亚洲的日本等地。所以，我们需要探索自己的路径，这不能仅靠纸上谈兵，而需要扎根社区数年如一日干出来。本书中案例的执笔者都是近年来奋战在社区规划与社区治理实践一线的专家、学者和实务工作者，最难得的是，他们将案例实践中的"干货"毫不吝啬地全然呈现，包括规划进程如何组织，社区自组织和更新工作孰先孰后背后的逻辑思考，收集居民意愿达成共识的工作技巧等。例如，北京的"新清河实验"通过议事委员会制度，厦门通过举办共同缔造工作坊，成都则结合当地特色习俗采用坝坝会的形式，收集居民意见，形成社区关注和共识，很好地反映了社区规划源自生活的核心理念。每个案例最后对于实践中的困难和未来的挑战也提出了深度思考，为进一步探索社区规划的政策保障、可持续机制等提供了非常宝贵的参考。

其四，从共识到共同行动。达成共识，是社区规划走向成功的前提。这不仅指社区内部相关利益主体之间，在社区规划蓬勃发展的今天，更涉及相关政府部门、社区规划研究者和实践者、基层社区和社会大众。我们欣喜地看到，在论坛的研讨中，在各个案例的总结与反思中，已经初步形成了一些共识，例如社区规划需要多学科、多部门协同，需要多方主体的全程参与，需要从外部助力最终走向以社区为主体的可持续发展，需要关注过程而非简单的环境改造或活动组织等。基于共识，才有可能走向共同行动，推动改变。

感谢参与本书案例撰写和分享的各位作者，是关于社区规划的共同志向、对于社区发展的共同理想将大家联结在了一起。我们致力于构建社区规划学术和实践共同体，扎根社区，深耕前行，协同奋进，在社区规划工作中创新"中国方案"，作为以人为中心的新型城镇化战略的社区响应。

刘佳燕

2019 年 3 月于清华园

目　录

政府主导

北京大栅栏更新计划
——历史街区的跨界复兴与社区建设

贾 蓉

在老城的保护与复兴中，推倒重来的成片开发模式因其巨大的社会经济和生态成本引发越来越多的反思与批判，取而代之的是有机更新，作为一种重要的模式，逐渐在更多的历史街区保护与复兴中被采纳，保护和复兴的目标也包括社会民生、历史风貌保护、文化复兴与经济发展、社区建设、绿色可持续等多个相互融合的维度。

在探索老城保护与复兴创新模式的过程中，文化创意产业的跨界复兴和社区建设往往被认为是复兴和活化老城更新的两种有效途径。文化创意产业作为老城复兴中最活跃的驱动力量之一，通过设计、艺术和文化的跨界复兴，能够发现、利用和提升老城功能，活化街区。社区建设则是在老城保护和发展过程中形成本地复兴的社区内生力量的重要基础。

2009 年，北京市政府希望破题历史文化街区保护与复兴新模式，提出 4 个试点，大栅栏作为其中之一，开始探索有机更新新模式。在之后几年北京的案例实践中，相继出现多个街区借助"北京国际设计周"等大型国际城市活动探索老城历史街区复兴的现象，同时社区建设也日益受到政府及社会各界机构的关注，形成多种不同模式的社区实践。本文围绕在国内首个实现设计跨界复兴与街区有机更新相融合的案例——大栅栏更新计划展开介绍，探讨在老城保护与发展中如何将城市策展的顶层设计与有机更新相结合，如何通过社区建设的方式将跨界设计与艺术介入的活力转化为历史街区内生的、可持续发展的、自我生长的力量，形成有效的老街区跨界复兴之路。

作者简介：贾 蓉，大栅栏更新计划 & 跨界平台发起人，设计联城创始人。

1 大栅栏更新计划的提出与试点

大栅栏历史文化保护区位于天安门广场西南侧，占地 1.26km²，是离北京天安门最近、遗存遗迹最丰富、保护最完整的 33 片历史文化街区之一（图 1）。

和北京其他老城区一样，大栅栏的保护、整治与复兴面临着种种甚至更加复杂的：人口密度高，公共设施不完善，区域风貌不断恶化，产业结构亟待调整，严格的历史风貌保护控制，无法成规模地进行产业引入，难以找到一种合适的路径引导在地居民参与改造，尚未形成有效运作模式支撑区域保护与发展。改善民生、社区共建、风貌保护、城市可持续发展之间的矛盾在很长一段时间内难以取得平衡，这也使得原住民在区域保护和发展过程中缺乏主动性，区域本已落后的生活、社会与经济环境条件继续恶化（图 2）。

在此背景下，亟须采取一种新的模式对大栅栏进行保护与更新。大栅栏更新计划于 2010 年启动，是在北京市历史文化保护区政策指导和西城区区政府的支持下，由北京大栅栏投资有限责任公司作为区域保护与复兴的实施主体，创新实践政府主导、市场化运作的基于微循环改造的老城有机更新计划。

1.1 大栅栏更新计划的发展模式

（1）实施路径：城市有机更新软性生长的新模式

新模式的重要特点之一，即改变"成片整体搬迁、重新规划建设"的刚性方式，转变为"区域系统考虑、微循环有机更新"的方式，进行更加灵活、更具弹性的节点

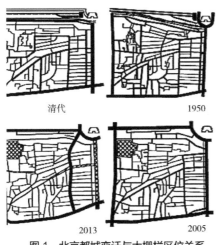

清代　　　　　　　　　1950

2013　　　　　　　　　2005

图 1　北京都城变迁与大栅栏区位关系
（图片来源：大栅栏网站，www.dashilar.org）

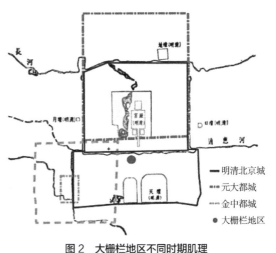

图 2　大栅栏地区不同时期肌理
（图片来源：大栅栏网站，www.dashilar.org）

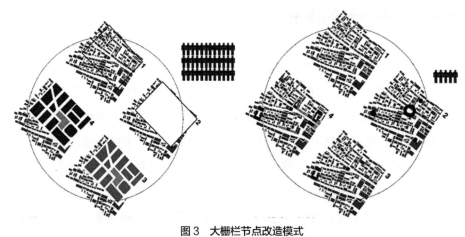

图3　大栅栏节点改造模式

（图片来源：大栅栏网站，www.dashilar.org）

和网络式软性规划，视大栅栏为互相关联的社会、历史、文化与城市空间脉络。对于散布其间的院落、街巷，按照系统规划、社区共建的方式进行有效的节点簇式改造，并产生网络化触发效应，不同节点的改造形成节点簇，逐步再连成片（图3）。这样不仅可以尊重现有胡同机理和风貌，灵活地利用空间，更重要的是，将"单一主体实施全部区域改造"的被动状态，转化为"在地居民商家合作共建、社会资源共同参与"的主动改造前景，将大栅栏建设成为新老居民、传统与新兴业态相互混合、不断更新、和合共生的社区，复兴大栅栏本该呈现的繁荣景象。

（2）多元主体参与的运作模式：大栅栏跨界中心的搭建

历史文化街区具有重要性、公益性、复杂性、系统性以及不可复制性等特点。这就要求从政府到市场、社会等各方主体共同参与改造的模式，即政府引导，市场运作，多级主体，共同参与。

为此，大栅栏更新计划在启动初期便成立一个开放的工作平台——大栅栏跨界中心（Dashilar Platform），作为政府与市场的对接平台，通过与城市规划师、建筑师、艺术家、设计师以及商业家合作，探索并实践历史文化街区有机更新的新模式。

这样一个跨界平台的设置不仅将不同的利益主体连接在一起，让他们在不同的发展阶段以不同的角色进入，承担不同的职责；同时，也为社会上不同的资源群体创造了一个开放的平台渠道，改变长期以来历史文化街区更新中单一规划、单一产业策划、单一文化保护、单一建筑设计与改造的模式，形成跨学科的融合发展（图4）。

（3）实施发展的3个阶段

城市有机更新软性生长的发展模式打破了规划刚性目标的局限，避免了在具体的

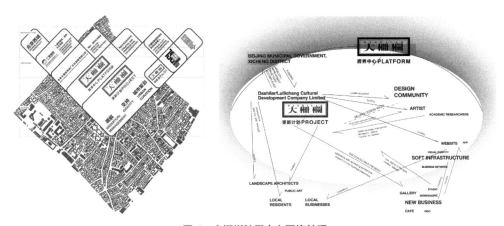

图4 大栅栏跨界中心网络关系
（图片来源：大栅栏网站，www.dashilar.org）

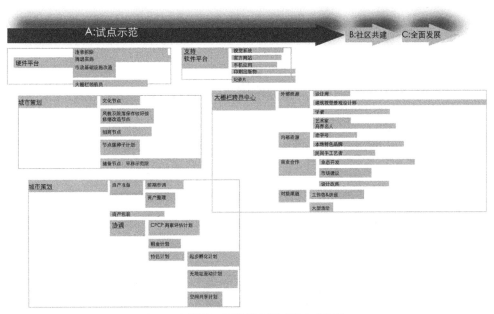

图5 大栅栏有机更新发展模式的3个阶段
（图片来源：贾蓉.大栅栏更新计划：城市核心区有机更新模式 [J].北京规划建设，2014（6）：98-104.）

时间点提出明确的量化目标，而是寻求在多类群体共同参与与本地互动再生的软性发展中，有机地规划不同阶段的目标。为此，城市有机更新的发展模式可大致分为3个阶段（图5）。

第一阶段：试点阶段。在大栅栏更新计划启动初期，需要探索创新，试点实践，引领示范。在系统规划的基础上，政府需要在此时释放一个明确的进行投资与启动保护发展的信号，给在地居民、商家以及其他社会主体以信心。首先，关注区域改善民生的需求，按照自愿腾退、引导提升的方式，解决部分有需要居民的外迁补偿安置，在改善居民居住需求的同时释放部分发展空间；其次，启动基础设施等公共环境改善，做好硬件基础。同时，通过小范围试点，实践建筑如何进行改造、什么样的业态可以进入、如何进入等探索，作为后期的示范引领。软件平台的搭建也在此阶段形成，逐步构建开放的跨界中心平台，为后期各类社会资源的进入做好基础。

第二阶段：社区共建。大栅栏更新计划的模式十分重要的一点是未搬迁居民共同参与区域改造。经过第一阶段试点的探索示范，此时有了一个重要的与社区在地居民和商家共同合作探讨的样板，同时也形成一定的市场发展基础，为在地合作提供依据。在地参与需要社区建设的目标，两权分离、多元合作的创新模式，根据不同居民及商家的特点及目标需求，弹性灵活地展开社区建设。

第三阶段：全面发展。有了在地参与和社区的初步构建，城市也有了软性发展的基础，此时，政府转换到监督、服务、管理的角色，制定好城市规划、产业业态等方面的规则，做好管理和平台建设即可。

1.2 杨梅竹斜街保护修缮试点项目的探索与实践

杨梅竹斜街保护修缮项目是践行大栅栏更新计划创新模式的启动试点，同时也是2010年北京市发改委选取的探索创新老城改造新模式的4个试点项目之一。

（1）项目概况

杨梅竹斜街保护修缮试点项目位于大栅栏西街斜街保护带北侧，是大栅栏商业街与琉璃厂东街的贯通线，北起耀武胡同，南至大栅栏西街，西起延寿街、桐梓胡同，东至杨威胡同、煤市街，占地面积约 8.8hm² （图 6）。现状腾退涉及 460 个门牌、1711

图 6　杨梅竹斜街区位
（图片来源：贾蓉 . 大栅栏更新计划：城市核心区有机更新模式 [J]. 北京规划建设，2014（6）：98-104.）

图7 杨梅竹斜街保护修缮项目四至范围
（图片来源：贾蓉. 大栅栏更新计划：城市核心区有机更新模式 [J]. 北京规划建设，2014（6）：98-104.）

户、3861人、单位70个，建筑面积75920m²。项目分为核心功能区与原住民生活区，商居混合，比一般成熟商业街的探索更具示范意义（图7）。

（2）实施模式

杨梅竹试点项目作为大栅栏更新计划的实践项目，遵循"系统思考、整体规划、划小单位、分步实施、动态调整、统筹推进"的基本原则，以"小范围、渐进式、分片分类推进"为实施策略，按照"政府引导、市场运作、公众参与"的运作模式，探索城市"软性生长、有机更新"的改造模式，以"节点引入、簇状辐射、适度引导、自然生长"的产业发展路径进行保护性修缮，以满足核心区古都传统风貌保护、人口疏解、产业提升、市政基础设施建设、社会民生及生态建设的全面保护与发展的要求。项目结合街区内丰富多元的历史功能及文化资源，拟打造成为以设计及独立文化传播与生活方式新业态为主的文化街区。

（3）项目的实施推进与成效

①平等自愿、协议腾退，引导提升与多元合作

杨梅竹斜街保护修缮项目按照平等自愿、协议腾退的方式进行人口疏解和空间腾退，采取货币补偿及定向房安置的方式，2011~2013年已腾退居民614户，约占腾退总户数的35%，建筑面积11858m²，疏解人口约1500人。人口疏解和房屋腾退走在全市老城保护试点项目的前列，居民居住条件得到有效改善。

除了腾退以外，对于不愿意搬离的居民与商家，提供平移置换与两权分离、引导提升等多种合作方式，与产权人共同进行合作改造，实现环境改善及业态提升。

②市政设施与环境景观的巧妙设计与建设

2012年对杨梅竹斜街进行市政基础设施改造及道路建设工作。通过尊重现状胡同肌理、采用渐进式改造的模式，在市政改造的基础上，保留原有上水及方沟，进行雨

污水的改造；燃气工程突破当前管线技术规范，克服现状胡同条件制约，引入新技术，使得杨梅竹斜街成为同类宽度胡同中最先引入燃气的；同时，完成其他电力电信、市政设施的建设，提升区域环境。

胡同两侧立面修缮及环境景观改造同时展开，拆除违法建筑及胡同牌匾，胡同空间逐步显现原有风貌及肌理。集合思路，创新手法，按照各种不同历史文化及景观元素进行排列组合，对立面修缮、路面铺装、景观构筑物、城市小品、景观灯具、垃圾箱、座椅及植物种植等进行设计改造，结合文化元素的铺装方式，通过特殊的设计勾勒出建筑古朴外貌，把历史记忆编入景观中，在保持杨梅竹斜街原汁原味特色的同时植入新的活力。

③建筑的分类、分级改造，实现不同阶段风貌并置

杨梅竹斜街上建筑形态丰富，不同时期的建筑混合并置，留下丰富的时代记忆，形成杨梅竹斜街一大特色。为此，结合建筑历史文化特色及房屋腾退情况将建筑立面分类，分别采取按照原汁原味保护、按照历史风貌修缮以及风貌协调的适度改造等不同改造方式。

在杨梅竹斜街的立面修缮中，同居民进行规划意见征询，一对一沟通设计方案并签署协议，目前已完成两侧立面修缮以及已腾退房屋的改造。根据胡同及建筑风貌，遵循对历史建筑的保护态度，按照建筑物的使用性质、是否已腾退和完全控制、建筑物现有质量、对街道的影响程度等多种因素进行综合分析比较，进行三类分级改造：对于重点历史风貌建筑原汁原味进行保护修缮，对于重点风貌节点进行原真性适度改造，对于其他不具备保护价值的普通建筑进行标准化设计指导下的弹性实施。

2 大栅栏的设计介入与跨界复兴

大栅栏的跨界复兴中探索创新设计与老街区结合，最重要的在于机制、策略以及独特的实施路径。设计独特的视角的确为老城区的活化提供了更多可能，然而更重要的是如何将城市策展与大栅栏更新计划的顶层设计相结合，如何将跨界活化软性生长的路径与社区建设的有机更新相结合，形成系统规划下不断迭代实践的持续提升路径，是创新探索到落地实践的关键支撑。

2.1 实施机制：不同主体的跨界联动

在城市更新中比较重要的一点就是尊重，不仅仅是对硬件，即城市规划或者历史建筑以及当前物理形态的尊重，也包括对项目本身的一些社会人文特性，如社会形态

以及人的尊重，这些都是整个项目实施过程中必须思考的问题，也是不同利益方能够达成共同认知、找到利益平衡点的前提。

在很多历史街区，尤其是大栅栏，此类项目很难由政府或者市场的任何一方单独主导完成，所以需要一种平台将相关的各方利益主体结合起来，使不同主体得以在不同阶段担起责任、贡献力量。基于此，西城区政府专门成立了"大栅栏琉璃厂建设指挥部"代为统筹区域发展，同时区域实施主体大栅栏投资公司发起设立连接市场方的"大栅栏跨界中心"，融合更广泛的社区居民以及社会各方资源参与，不仅限于传统的城市规划师或者建筑师，且融入更广泛的群体，如设计师、艺术家、社会学家、人类学家等，共同实现区域的软性复兴。

杨梅竹斜街保护修缮试点项目本着尊重居民的意愿，采取自愿腾退的方式，产权人可以选择搬离这个区域，也可以留下来。对于居民来说，很难在刚开始就将软性模式理解清楚，一旦开始涉及居民的具体利益需求，一定要特别明确告诉他可以得到什么，可以以什么样的方式去介入。很多人也许会选择观望，但在此过程中便会有很多敏锐的居民参与进来。一个典型居民代表便是大栅栏街坊"贾大爷卤煮"的贾勇，他用影像记录了大栅栏几十年的变化，特别认同这种尊重人、尊重当地文化的新模式，愿意合作，再以此带动更多人。

在城市转型的浪潮中，大栅栏项目开创了一种跨界模式，这个平台会不断吸引更多人参与，最终预期整个区域形成一种开放的可持续状态，这时政府主体可以逐步转换到公共服务和监督管理的角色中。在此过程中，实现自上而下与自下而上方式的融合，吸引更多群体的积极参与，真正促进整个区域的开放和可持续发展。

2.2 发展策略：节点活化与软性发展

大栅栏更新计划在策略上采取划小单位，从灵活的、体量较小的节点资产入手，通过嵌入选定的方案和活动，从而促进再利用。这种方式，可以激活节点，使其在更广泛的领域内产生辐射效果。而如何选择、剖析、培育、对接、植入活跃的文化节点，成为最重要的难题之一。

基于老城的发展现状，需要找到一些具有独特品质的业态，它们能够存活于破旧街区，尊重老城城市及建筑现状、当地社区人群及文化生态，不依赖于已成熟商业区的人流，能够独立存在，有"看家"本领吸引目标客户群体，并能辐射带动和活跃周边地区。

由此，在深入剖析大栅栏丰富的历史文化特征及特有的胡同肌理和城市风貌的基础上，参考世界各地相似地区的城市发展规律，研究分析具有此类特征的文化节点及产业类型，并推导总结出节点发展中应优先扶持、构建的具有丰富文化特征与辐射性的"关键性节点"及其"附属性节点"，总结形成大栅栏独特的"CPCP"文化节点簇模式理论。这类文化业态具有一般商业以外的独特文化属性，包括植根于城市老区（Place），拥有不依赖"商圈"的产品、服务及市场运作机能（Program）、消费群体（Client）、独特文化内涵（Culture）。

项目通过"CPCP"的属性分析，由场所营造启发法和定量分析的关键标准来选定。此评估方法创建了可以用于比较不同方案的度量方式，使我们能够尽可能客观地评价哪些产业或活动对区域是最有利的，使得当下稀有节点资源载体获得最大提升价值的业态归属。

另外，还需考虑如何使新入驻的业态更好地融合，并且帮助当地历史文化及社区生态。取代刺激性竞争，新入驻的商业作为"最佳实践案例"，使得已有的商业有机会借鉴学习，从而看到自己的新机遇。对于以服务供应商身份新入驻的商业，应鼓励其给周边邻居提供负担得起的服务，从而激励已有商业做出变化和实验性探索。新入驻的业态也许本身盈利能力不强，商业化不明显，却能够在老城更新萌芽时期引领新文化，激活老街区，提升区域价值，吸引活跃消费群，培育区域内生发展活力。很重要的是，此类业态能够从不同的文化创意元素的解构中形成隐性的业态关联与集聚网络，这正是文化创意产业构建的软性发展路径，而这些具有同类特征的文化节点，不仅能够对周边产生辐射，也能对国内外同类群体及资源产生吸引，使得区域外其他同类功能节点形成城市的"飞地"，而"飞地"效应的网络迭代功能恰恰是文化创意产业无限附加值所在。

这构成了大栅栏更新计划节点簇模式的核心：历史街区的文化重构与本地再生和文化创意产业的培育与集聚相融共生，形成独特且健康的、源源不断且可持续发展的动力。

2.3 跨界平台：城市策展与顶层设计

大栅栏在新模式实践伊始，便启动了杨梅竹斜街保护修缮项目，当时恰逢首届北京国际设计周策划筹办之初。于是，从 2011 年起，大栅栏实施主体公司与北京设计周合作举办"大栅栏新街景"设计之旅，邀请中外优秀的设计和艺术创意项目进驻老街区，成功地让设计走进大栅栏。老街区与新设计的融合碰撞使观众游客在走街串巷感受老街独特魅力的同时，也为历史文化街区的更新活化提供了新思路——在尊重老街区肌理的前提下，探索老房子新利用，通过设计的力量引入新业态。"大栅栏新街景"以"设计复兴老街区"为主题，通过设计的力量更新活化老街区，以独特设计的视角解决老城区规划建筑、公共设施及区域环境难题，以全新的设计新思维解构当地手工艺独特魅力，再以设计的力量集结艺术、文化、创意、建筑、时尚、媒体、游客、居民等多方力量，在老街区更新及设计之旅中实现公众参与，试图将大栅栏打造成距离天安门最近、展现北京特色世界城市和历史文化名城独特魅力的窗口。

在大栅栏的带动下，近几年实践中，设计与艺术跨界的方式日益受到各类历史街区甚至互联网冲击下面对巨大转型挑战的商业街区的欢迎。在"十一"前后北京国际设计周期间，各类与设计相关的活动遍布全城，工作坊、展览、临时店、市集等各类跨界活动数不胜数，专业群体与公众都乐在其中。然而，一个现实的问题是，这样的活力如何有效持续，如何将设计的力量与项目实施推进有效结合？这成为困扰各类历史街区实施主体而始终难以寻求到答案的话题。

大栅栏跨界中心注重在顶层设计的指导下进行策展，每年活动的主题都是跟随大栅栏更新计划所处的发展阶段而提出，每年所有的展览都围绕当年大栅栏更新计划的主展而展开，外围展览在统一的策展下进行征选，受大栅栏直接命题的展览占到每年总数量的一半以上，且都是基于长期的项目，而非短暂的几天活动，从而保障了基于顶层设计的城市策展，这成为历史文化街区有机更新系统规划的前提所在（图8、图9）。

以2016年大栅栏设计周为例。大栅栏设计社区以"共建、共享、共生——开放式街区的自信与未来"为主题，专注"城市与设计融合""设计与生活融合"。大栅栏更新计划则以"从依存到共生"为年度主题，思考与探索一个历经数百年的历史文化街区从衰败之后城市、街道、建筑空间与人、家庭、生活的相互依存，到设计介入、产业引入后的社区活化与共生，并通过一系列的领航员试点实践、主题展览及工作坊、各类临时店及展览、多元社区主题活动等路径，从"大栅栏规划3.0""2016大栅栏领航员项目""杨梅竹新社群集结行动"及"设计之旅展览"4个板块，将过去一年中大栅栏更新计划的思考与实践成果进行呈现的同时，从建筑与环境的有机更新深入到社会结构与人口的有机更新，持续加深关于大栅栏保护更新与发展的对话，给大栅栏及内部社区带来直接积极的改变，实践从日益衰败历史街区内的相互依存到逐渐活化复兴开放街区的邻里共生（图10）。当年的系列活动"杨梅竹新社群集结行动"包括"杨梅竹合作社""大栅栏驻地行动""大栅栏微杂院儿童中心""大栅栏手工艺之家"等长期项目，此外还有一系列大栅栏新社区邻里活动，以深化大栅栏社区建设。当年120多项活动中，大栅栏更新计划主题之下的活动占到近60%。这些都为实践过程中遇到的复杂问题给出答案：如何在一个总体城市规划与发展目标之下界定历史文化街区的发展与定位，如何发挥历史街区天然"开放式"街区的生机与活力，如何重塑一个历史街区的独特魅力与自信，一个历史街区该有怎样的未来……且当年的实践从"杨梅竹——历史文化街区有机更新项目"拓展到"北京坊——首都核心区城市更新项目"，

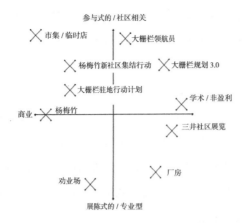

图 8 大栅栏更新计划策展分布模型
（图片来源：大栅栏更新计划官方微信）

图 9 大栅栏更新计划主展
（图片来源：大栅栏更新计划官方微信）

不断尝试表达一个理念，即大栅栏更新计划复兴之路的关键在于，跨界设计与艺术介入通过基于顶层设计的城市策划，搭建"共建、共享、共生"的机制，形成一个开放共融的平台，探索实践并形成基于本地的、内生发展的、可持续的生命力，这也是一个历史街区、一个城市街区发展自信的重要路径。

2.4 本地再生：区域独特性构建与文化的衍生和共融

在历史街区的复兴中，创意产业的引入并不难，难的是如何实现创意产业与本地的互动并推动当地文化的再生——这正是当地文化特性与核心竞争力可持续发展的关键所在。

因此，设计跨界需要有针对性地提出问题并寻求解决方案：这不仅包括传统的建筑如何保护、公共空间如何构建，还有本地商业如何提升、在地文化如何再生。将创意及设计群体引入，与本地商业进行合作，挖掘本地手工艺新生，寻找本地能人，创新构建当地文化生态，并重点关注以下几个合作方向。

①文化认知：依托非物质文化遗产或者本地草根手工艺，可以通过讲故事、图片影像记录，或者组织工作坊、社区活动等方式进行合作，在大栅栏可持续传承和发展本地文化。

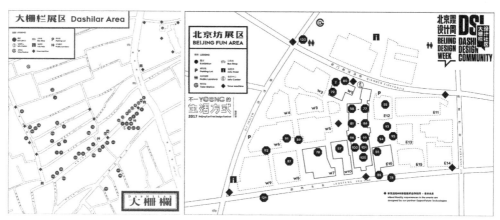

图10　2016年大栅栏设计周地图
（图片来源：大栅栏更新计划官方微信）

②店铺升级：一些手艺人在大栅栏有自己的店铺或本地商业，通过深入调研，提出其与地区旅游业及商业的结合发展路径，促进业态升级，并在视觉及空间形象上进行重新定位。

③手艺新生：根据一项具体的手工技艺，设计师与手艺人经过沟通、互相学习和理解，结合传统手工技艺，引入新的设计理念与研发，或改变包装与产品外观设计，或使用新的材料，甚至研发改善手工技艺流程，研发符合当代生活方式的新产品，使得传统被遗忘的手工艺重新回到大众群体的生活中。

④老字号复兴：繁荣的大栅栏有着丰富的老字号资源，结合老字号与新设计，就某一个品牌进行合作；或者从历史空间的角度，更深入地挖掘这些在地资源，更多元地发展利用。

在大栅栏也涌现出不少优秀的案例，包括"周迅'无声英雄—物'的生活记忆讲述""虚拟增强现实杨梅竹文化探访与历史漫步之旅""扑克牌上的文艺复兴——木版年画再设计""小蚂蚁袖珍人皮影再生""一个人的剧场在地提升""Wireworks——铁艺功能手艺再改造"等，这些项目不仅使得传统文化提升并散发新的活力，也能够帮助更多本地人改善生计，通过新老文化及新老社区群体的和谐共融构建新的社区关系，促进文化创意新生、本地文化再生，形成老城独特魅力的复兴力量。

3　大栅栏领航员的微更新与社区建设

在每年大栅栏更新计划中，大栅栏领航员项目是其中微更新项目创新实践的试点，实现了从设计周单次展览到与长期项目关联的重要转变，同时也是社区建设微更新的关键。

3.1 大栅栏领航员项目的微更新

大栅栏以国内外公开征集的方式发起"大栅栏领航员计划"[①]（图11），每年选取实施过程中的突出难题，向设计师、建筑师等跨界群体发问，公开征集针对老城中的"疑难杂症"的解决方案，论证精选优秀案例进行试点实施，形成示范样板，通过"试点激活"形成"跨界融合"的多元参与和"实施示范样板"，形成更多居民参与"社区共建"的基础。

大栅栏领航员项目的内容不仅包括传统的建筑如何保护、公共空间如何构建，还有本地商业如何提升、在地文化如何再生。将创意及设计群体引入，与本地商业进行合作，挖掘本地手工艺新生，寻找本地能人，创新构建当地文化生态。

不同于一般的设计竞赛，大栅栏领航员项目有几点十分关键：一是以每年大栅栏更新计划所处阶段遇到的难题为出发点，进行选题与征集；二是所有征集项目均为真实项目，且落实到具体房屋或文化项目；三是所有项目必须要有实操的可能性；四是必须进行项目相关群体的意见征询；五是项目可根据各年度实施情况不断更新迭代，提升完善；六是保持发布—征集—深化方案—遴选—展览—实施的过程节奏，确保有益且无害的微更新探索实践。

例如，2013年的建筑设计板块以"杂院里的一间房"为题进行征集，当年征得"内盒院"项目，在隔壁未搬离居民共用墙、通用脊的情况下，通过在四合院平房区插入预制功能模块建造系统，在老旧四合院建筑中推广绿色新材料应用系统，巧妙解决零

图11 大栅栏领航员计划

（图片来源：大栅栏更新计划官方微信）

---

① 贾蓉. 北京大栅栏历史文化街区再生发展模式[J]. 北京规划建设，2016（1）：8–12.

散院落内增设卫生间以及改善保温、隔声、潮湿等民生问题。2013 年，项目经过展览后获得广泛好评，于 2014 年实践完成"内盒院"1.0 版本，作为大栅栏跨界中心的办公室，2015 年又迭代形成"内盒院"2.0 版本，完善居住、小型办公、卫生间、厨房等多种功能，且帮助两户居民完成改造。2015 年，"内盒院" 获得 2015ArchitizerA+Awards "低成本造价" 评委奖及 "小型住宅" 最受欢迎奖、2015 红点奖、2015 世界建筑节 WAF "New&Old"（翻新整旧）类建筑奖等多项国际大奖（图 12）。

2014 年以"杂院创想"和"手艺传承"为重点进行发展与延伸，着重关注大栅栏地区普遍的居住空间狭小、房屋基础设施落后以及房屋质量等问题，归纳出在解决胡同区域杂院改造翻新与保护间矛盾的策略，并搭建本地手工艺者与设计师的长期合作平台。当年，"微杂院——社区儿童公共教育中心项目"作为明星项目脱颖而出，经历了从 2014 年展览、2015 年初步实施、2016 年完成项目一期实践并实现初步利用，因综合多方面挑战，融合了四合院建筑设计、在地融合、文化再生等多项社会创新，2016 年"微杂院"获得"阿卡汗"建筑设计大奖（图 13）。

3.2 社区建设与小微实践迭代

2017 年，因老城保护发展内外部环境的变化，大栅栏也积极面对新的挑战，以"老城复兴的中国之道"为 2017 年大栅栏设计周的主题，大栅栏更新计划则以"大栅栏再领航——杨梅安筑"为主题，围绕"大国首都的老城复兴"，从处理"都"与"城"关系的角度，围绕优化提升首都核心功能，实施推进老城复兴，解读与呈现城市更新的中国之道，回答如何在大栅栏更新思路及顶层设计的指导下，继续推进杨梅竹斜街试点项目实施等问题。特别是当项目进入社区建设阶段，在杨梅竹—三井社区—延寿的路径中，怎样通过机制建设让各方参与社区建设得以实践落地，如何增强各板块中

第一步：拆除腾退户临建房
小型创业孵化器
第二步：加入微客房与小型创业孵化器模块
微客房
第三步：架设管线，整理地面与环境

图 12 "内盒院"项目及改造前后对比
（图片来源：众建筑工作室）

图13 "微杂院"改造前后对比
（图片来源：大栅栏更新计划官方微信）

在地居民及公众的参与及获得感，都是需要大栅栏更新计划通过各具体项目呈现答案的新问题。

当年，杨梅竹主展空间同时作为大栅栏社区公共中心，集中呈现"安住、安驻、安筑"这三个板块的主题展览（图14），并且在胡同里设置不同的有趣空间，作为项目的实践案例，以此探讨在首都核心功能区提升的目标背景下，如何让本地居民安住，如何让商户等历史街区相关经营者、建设者等机构安驻，以及如何构筑从城市设计到控规与导则、改造与管理等城市改造及建设网络，如何构筑前两者与历史街区相关的不同群体之间的网络关系与共生模式，增强老街区发展中的人民获得感等问题。

"杨梅安筑"通过"安住、安驻、安筑"三个板块，侧重不同的内容。"安住"的核心是大栅栏的原有居民，在胡同环境改善的同时，提升居民的生活质量，是胡同更新的基础。随着逐渐进入社区建设阶段，大栅栏更新计划从社区"植入节点"的视角，逐渐转向更为系统的社区建设思维，希望通过改变社区关系网络，可以切实改善大栅栏地区的生活和社会状况，以服务这里不断增长的多样化社群，让这个多元街区更加有内生活力及丰富性。在2017年，"安住"板块有两个主要组成部分，其一为社区环境及空间改善，具体包括胡同折叠墙、胡同花草堂、五号院落项目的落地呈现等；其二为社区文化设施建设及本地文化再生，具体包括大栅栏社区服务及空间优化，并进一步结合在地社区组织及居民共同开展活动。"安驻"则是把重心放在关注共建、共享、共生的外部力量如何在老街区安心驻留上。通过发布大栅栏共生空间小程序平台，旨在通过整合各方资源，形成常年合作运营的大栅栏空间共享计划，从而呈现出大栅栏各界合作方对社区共生空间的使用探索状态。和"安住"与"安驻"更关注"人"不同，"安筑"解决的是老城软硬件环境如何构筑、胡同不同利益主体如何构建跨界共生的网络生态等问题。2017 年的领航员项目，改变以往单一节点探讨难题的方式，以从杨梅竹纵深深化而来的延寿寺街社区民生项目为整体领航员试点，在顶层城市设计之下集合建筑与建成环境改善、生活性服务业提升、公共设施与本地文化再生、理想胡同社区的未来畅想等方面，社区建设则作为主线贯穿其中，探索基于首都核心区历史文化街区保护发展的社区建设与有机更新实践。

通过 2017 年的创新探讨，改变了以往单一试点的方式，通过大栅栏更新计划升级作为整体模式的再领航，在此过程中同样有几点尤为关键：一是直面各类内外部环境，在试图满足政府及在地居民、市场等多元目标的前提下寻求解决路径；二是与实际项目相结合，尤其是政府既定计划中的发展项目；三是城市设计的顶层规划与不同层面试点的统筹协调；四是形成创新探索与试点实践的迭代循环路径；五是将社区建设、居民获得感作为主线贯穿至每一项环节中。这样的路径为自上而下与自下而上相结合的社区建设提供了系统性的运作方式和可能（图 15）。

4　小结与思考

大栅栏更新计划项目以历史文化街区有机更新为核心内容，融合了城市规划、建筑、设计、艺术、历史、文化等多元领域，尝试借助跨界的力量探索老城复兴的可能性，形成大栅栏作为中国城市更新先驱案例的重要影响力。更重要的是作为一个创新示范案例，结合城市发展，传承并发展老城百年文化与共生脉络，不断通过实践，探索一条多方共同参与、有内生活力的历史文化街区有机更新的复兴之路。

杨梅竹斜街的文化价值性、著名商业影响性、历史文化遗存完整性，无处不彰显着地区整体文化软实力的显著特点。持续地整合创意文化产业到胡同中来，借由北京

图 14　大栅栏再领航——杨梅安筑
（图片来源：大栅栏更新计划官方微信）

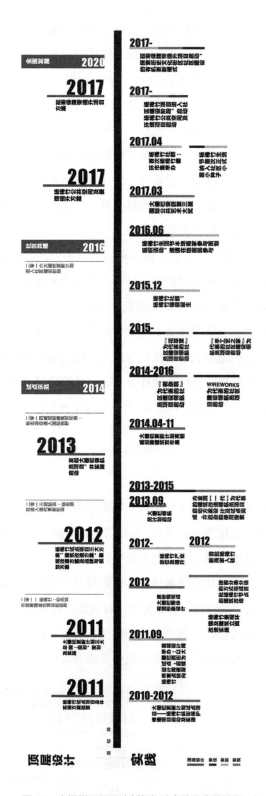

图 15　大栅栏顶层设计创新与试点迭代实践路径
（图片来源：大栅栏更新计划官方微信）

国际设计周的更大平台，通过大栅栏更新计划展，以杨梅竹斜街项目为案例，将大栅栏历史文化街区保护更新理念的思路和原委逐渐呈现到公众面前，使人们在看到区域发展与变化的同时，也逐步开始了解并探讨其背后的深层内涵，并由试点尝试向实践及更为广泛的社区共建转变。

大栅栏更新计划通过杨梅竹斜街的试点启动，邀请公众共同参与到保护更新中，探索"居民自觉自愿、社会共同参与"的改造前景，培养出一种新的当代文化、空间、经济互动关系，以此推动内生的、渐进式的、有机生长的城市发展，在大栅栏更新计划的初期，形成重要的示范。然而，在后期杨梅竹斜街项目摘掉试点光环以及各类政策支持，要向更大区域范围推广时，是否能够集结更广泛社会主体的参与，形成有效的从创新到实践、从文化复兴到产业发展、从不同主体的权责利分工到形成合理有效的资本与资产良性互动的投入产出模式，依然存在着较大距离，需要进一步探索。

上海嘉定区社区治理
——社区规划师推动模式与制度建构

王本壮　徐晓菁

1 引言

社区自治是我国基层民主建设的重要组成部分。在上海市委"1+6"文件出台之后，社区自治工作更是被提升到"激发基层活力，创新社区治理"的高度进行认识和发展。2018年上海市创新社会治理加强基层建设工作提出的总要求为：全面贯彻党的十九大精神，以习近平新时代中国特色社会主义思想为指导，深入贯彻习近平总书记"在推进社会治理创新上有新作为"重要指示，以"改革开放再出发"的决心和勇气，牢牢把握社会治理的核心是人、重心在城乡社区、关键是体制创新的要求，坚持需求导向、问题导向、效果导向，落实社会治理新要求，直面难题瓶颈，巩固制度建设成果，在全面加强党的领导上取得新进展，在提升基层公共服务能力和管理水平上取得新进展，在激发社会参与活力上取得新进展，在助推城市管理精细化上取得新进展，在完善乡村治理上取得新进展，在打造专业化基层干部队伍上取得新进展，完善党委领导、政府负责、社会协同、公众参与、法治保障的社会治理体制，进一步提高社会治理社会化、法治化、智能化、专业化水平，打造共建共治共享的社会治理格局，继续探索一条符合超大城市特点和规律的社会治理新路，为创造品质生活打下扎实基础，为当好新时代全国改革开放排头兵、创新发展先行者提供坚强保障。正是基于这样的背景下，嘉定区积极推动社区规划师模式与制度建构。

嘉定区位于上海市西北部，总面积463.55km²，下辖12个街镇（3个街道，7个镇，

作者简介：王本壮，台湾联合大学建筑设计系教授；
　　　　　　徐晓菁，上海市嘉定区社会建设工作办公室科长。

1个工业区，1个新区）。嘉定是上海经济较为发达的工业化郊区，是大都市近郊的快速城市化地带，是人口导入较多的人口流入型地区。尤其是近10年来人口的迅猛增长，外来人口、市区导入人口和本地农民进城几个人口流动潮流叠加进入城市社区，加上住房市场化和商品房社区的兴起，城市社区治理出现空前的复杂化局面。人口陌生化、利益分殊化、诉求多元化、行为失范化、社区冷漠化不同程度地成为共性问题，一些诸如物业矛盾、邻里矛盾、违章建筑、楼道堆物等社区治理老难题愈加凸显。与此同时，随着人民生活水平的提高，城市社区出现了一些更加难以解决的新难题需要面对，如停车难、养宠管理、居民自主意识和权利诉求高涨、社会精神文化生活要求提高等新问题、新诉求。社区自治如何开展与中心城区有着较大差别。对于由"五湖四海"人口汇聚而成的多元化、陌生化、流动性的社区，社区自治的起步首先需要睦邻式的"慢跑"，通过睦邻活动，创造社区联系，让社区居民之间熟悉起来。

按照上述社区自治思路，嘉定区从2007年开始探索睦邻自治活动，旨在有效提升社区居民主动参与社区治理和社区服务的正向力量，且积极为社区治理创新提供资源支持和需求保障，让居民自治的活力得以呈现。按照顶层设计，结合社区特点，全面推进社区治理，在畅通为民服务渠道、完善社区公共服务、推动基层社区治理创新、激发居民参与社区治理、促进政府职能转变、强化培育基层社会组织和社区自发性组织等方面进行了探索创新。此外，为深入贯彻落实上海市委"1+6"文件①的精神及要求，并根据嘉定区委《关于进一步创新社会治理加强基层建设的实施意见》（嘉委发[2015]16号）《关于完善居民区治理体系加强基层建设的实施意见》（嘉委办发[2015]19号）等文件，嘉定区社会建设工作办公室，在社区居委会自治能力的提升、多元化居民自治路径的实现，以及培养社区意识、共同规划并参与社区活动、改善社区环境、创新社区生活等方面进行创新，建立社区共营体系和进阶式系列培训课程，通过居民的共同参与，推动居民对居住的社区有更深入的认识，进而建立人与人、人与群、群与群的新关系，让社区内的各参与主体形成共建、共创、共好的社区生活共同体。

嘉定睦邻活动推动以来，对于嘉定地区的城乡风貌与社区发展产生了极为明显的影响。睦邻活动的运作模式以及在长期的实验与实践过程中逐步发展而来的可持续机制更是睦邻活动得以成功有效推行的关键。尤其是可以发觉位于上海市西北郊的嘉定区，其经济持续成长发展，城市面积明显扩充，城市化的进程持续向前大步迈进，外来人口也因而大量涌入，影响所及，产业结构、人口结构、社区类型等都产生极大变化。经济的发展使得一般居民的所得与生活水平快速成长，物质生活也大幅提升。但是，

---

① 上海市委"1+6"文件为："1"是指上海市委出台的《关于进一步创新社会治理加强基层建设的意见》纲领性文件，"6"是指在纲领性文件基础上配套的6个执行性文件。

居民的整体生活质量与品味却未能伴随社会经济状况的改善而同步成长。所以，需要重新定位与认识所居住的社区，思考结合嘉定区的社区治理现实状况，对当前社区居委会建设和存在的主要困境与课题进行探索，如2007年10月1日开始实施的《物权法》，以及2015年中共中央办公厅、国务院办公厅印发的《关于加强城乡社区协商的意见》等文件，以推动社区居民共同参与社区相关事物的讨论与工作，并进一步在新的形势与潮流中加强社区组织与各参与主体的互动，从而凝聚社区共同意识，创造社区认同感，达到提升整体居住生活质量的理想愿景。

与此同时，随着嘉定区经济社会的蓬勃发展，创新社区治理的工作全面融入嘉定居民的生活中，彰显嘉定各级行政部门对社区治理创新的决心与实际行动。在经历长达10年的睦邻活动与社区治理等项目推动后，2017年的嘉定区启动了具有社区共营精神的社区愿景规划师的前期筹划与人才培训工作。希望通过培训相关人员，从了解、认识周边自然环境特色、历史人文脉络开始，共同协力，打造一个安全、舒适、便利、健康的21世纪现代化社区美好生活的典范。

2 社区规划师的意义与内涵

追求美好生活是人类的天性，反映在生活中，需要通过全民参与的过程来实现，因为这是属于全体居民的情感认知，当然要有全民的参与及认同。另外，必须在生活中呈现，以及在行为中实践。也就是说，要紧密结合日常生活，通过衣食住行等表达出来。而生活的累积就是文化，因此在日常生活中表现的特色模式会形塑出具有历史、环境、气候、生态等内涵的在地独有的不可替代的文化生活。而这样的生活模式就是社区治理的目标之一，也是推动社区规划师项目的重要出发点。

检视现有推动社区规划师项目大多会碰触几个问题，诸如相关的法令检视与修订，若能全面检讨现有关于环境空间规划的法令文件，予以适当调整，并鼓励更多的民间资源投入，应可更具成效。再者，社区规划有关人才的培育也是关键之一。不仅要从专业人才入手，更要重视一般居民以及各年龄层面的教育学习。让对美好生活的想象能够融入日常生活，实况潜移默化的改造。

社区规划师项目的推动，其成败关键取决于在地社区居民的认同，这也是可持续运营最重要的基础。因为只有这样才能让居民自主关心、参与地方的景观改造课题，提升生活环境的质量。而且要善用地方产业、文化等特色资源，并由此建立整体性发展的社区愿景蓝图，创造具有独特性与自明性的生活环境系统。

一般而言，社区规划师项目的推动会从社区居民的正确认知与重视着手，再结合从事社区治理或社会建设相关工作人才的培育与学习型社区组织的有效运作。然后再扩散到周边的共建单位与组织的资源整合运用。从相关的文献资料中深入探讨社区规划师项目的意义与内涵，可从下列几个方面加以说明。

2.1 社区规划师项目的源起

从以往十余年的社区治理推动历程来看，社区治理推动的主轴已经由单一的政府部门逐渐转向政府行政部门以及专家学者学术团队、社会组织、社区自组织组合成的多方协力团队，强调由社区自身开始，通过陪伴学习的过程，促使社区居民自动自发地参与社区治理，从改善环境、提升生活质量等切身的自治项目着手，逐渐凝聚社区居民的共同体意识，使居民对社区产生认同感，并且从尊重社区历史与人文出发，进而加强各界资源的连接，共同开创社区明日的愿景。尤其是以社区环境空间的改善为例，如何打造"小而美"的社区特色生活空间，不同于以往几乎全交由专业人士进行规划与设计，反而需要社区居民共同参与讨论，形塑构想，甚至亲自动手施作。这样的实践过程才可能营造出与居民生活模式紧密连接，并能符合日常行为需求的特色环境空间。

嘉定愿景规划师作为党建引领和政府引导的重要团队型伙伴，注重从软性的社区细节入手，带动、引导和回应居民社区生活需求，对未来进行共同描绘，共同参与社区发展。这一做法借鉴了中国台湾地区已有的社区规划师经验。台湾从1996年开始，台北市政府都市发展局为落实市民参与及社区总体营造政策，全面推动地区环境改造计划，强调市民参与社区环境工程的机制建立。1999年建构"社区规划师制度"，激励空间专业者走入社区，并与居民结合，迈向一个更全面性的参与式设计机制。希望经由兼具有专业能力与社区营造认知的环境空间专业团队或个人扮演"社区规划师"的角色，为社区居民提供咨询或诊断的规划设计专业服务性工作，由下而上地形成民众参与社区环境空间改造的模式。

社区规划师制度从台北市正式开始推动以来，产生广泛而深远的影响，也在许多城市产生因时因地制宜的多元操作模式，如身为非专业者的社区居民逐渐成为社区规划师制度推动的参与主体就是重要的演变之一。在此基础上，嘉定从社区的实际出发，以硬性、软性和韧性相结合的方式来推动社区愿景规划师的建构。

2.2 社区规划师的角色定位

早期社区规划师的基本特质，通常需要具有环境空间规划设计的专业能力，且愿意服务社区，是一种荣誉性与服务性的角色；常常介于政府与民众之间，从事对公共空间的相关议题进行沟通协调与咨询工作。因为处理的议题多具有地方性，所以社区规划师的地缘性特质相对重要，如在当地出生或居住、工作在该地区等。因此，社区规划师往往会成立在地的工作据点"社区规划师工作室"，以便于就近协助社区提供居民有关日常生活领域所涉及的建筑与城市设计、公共环境等议题的专业咨询服务，以及协助社区居民提出对社区周边环境的发展建议与改造构想等。

应对社会发展以及时空的多元化，社区规划师的参与者渐渐由专业人士移转到以社区自组织或居民中的志愿者为主体，进而结合前述的专业者形成"社区规划小组"或"社区规划团队"等在地化、长期性的驻地组织。其角色也有相应的转换，从中介性经纪人的概念变成有更强的主体性的社区愿景执行者。

2.3　社区规划师的功能作用

①提供社区民众专业咨询服务，如有关社区环境管理维护、公共空间美化、公共设施设置更新、标识系统设置更新、街道家具设置更新等，以及社区及相关法令文件的咨询说明。此外，居民的室内装修等关联到整体建筑物的事项也可以由其提供咨询服务。

②社区发展愿景课题的咨询、发掘、汇整与研讨提出规划设计构想，如就其所在的社区范围调查居民意见反映，进行社区诊断，研究并促成相关的社区规划提案。并于提案通过后协助监管执行时的施工质量与后续的管理维护，以及持续使用后居民意见反映。

③参与周边区域的环境空间发展课题，如基于服务范围的社区规划经验，参与周边地区的协调整合，以便区域性的整体提升。

3　嘉定区推动社区愿景规划的历程

嘉定社区愿景规划师是响应十九大报告提出的在新时代打造共建共治共享社会治理格局、提升社会治理"社会化"的时代要求，也是贯彻上海市建设社会主义国际化大都市、推进城市管理精细化的战略部署，更是回应嘉定区作为快速城市化地带、人口流入型地区的实际社区治理需要和人民群众对美好生活的追求，是在吸收先进社区治理经验基础上提出的。2000年，开始社区建设基石工程——注重强基固本抓"三子"建设（居委会用房、社区工作者待遇、队伍建设），列入区部门对街镇党政工作的绩效考核。对社区居委会公共服务设施在建设规划前期提前介入审核，为社区共营提供了空间保障；对社区队伍提出"三化"（知识化、年轻化、专业化），确保有人办事；对社区工作者的薪酬待遇和居委会工作经费，提出社区工作者最低待遇不低于上年度职工平均工资水平，居委会每年不少于 25 万元工作经费。全区 234 个社区居委会（含筹建）全面完成居委会规范化建设（居委会门头、室牌、台牌、工作场所）。2007 年，进入社区治理 1.0 阶段——嘉定区探索"睦邻点"建设，从最初的娱乐型向事务型转型，形成嘉定睦邻四级组织架构（睦邻点、睦邻沙龙、睦邻会所、睦邻联盟），打造了硬件、软件并重的睦邻文化，由生人社区向熟人社区推进，建构了良好的社会资本。2014 年，迈进社区治理 2.0 阶段——嘉定社区共营实践，以社区动力营造工作坊为推动，以社区自治项目为路径，形成了一套党建嵌入、政府撬动、社会参与、空间改造多维度治理体系。在实践过程中，以人为核心，通过执政党在基层社会治理中的嵌入性党建引领，重塑居民区内的各类组织、个体的共同行动，借助现代社区治理各种技术的在地化实践，实现共同参与、共同营造、共同享有的社会基础工程。嘉定地区在过去十多年所推动的嘉定睦邻项目，一直坚持"培养居民自治精神，弘扬传统邻里文化"的理念，使居民间可以建立更深层的情感与记忆链接。在贴近社区、亲近群众、融入生活的基本原则下，系统性、组织性地展开多元的睦邻活动，使社区居民在党组织的领导下和社区居委会的指导下，从陌生变熟悉，从冷漠变亲近，让社区成为一个和谐的载体。遵循上述理念，嘉定区社建办以寻找、发掘、建构创新的社区规划为目标，与地区学术研究机构的相关研究人员合作，提供社区规划课题的基础数据与实践场域，运用访谈、问卷、工作坊等多元形式，推进深入认识社区规划的社会、文化、教育等相关课题，探索社区规划创新机制。在历经多年的准备与筹划运作后，制定以建构"社区愿景规划"为核心的社区规划机制，其主要目标整理概述如下。

3.1 嘉定区推动社区愿景规划的主要目标

（1）重新认识社区愿景规划的本质与特色

社区是一个居民群体共同生活的所在。对长期生活在同样环境的居民来说，往往很容易对身边的许多事物视而不见，忽略它们的存在。因此，当社区面临空间环境的改变时，往往会不经意地舍弃社区原有的珍宝，产生历史与文化的断裂。因此，在面临外在环境快速变迁的压力下，应当重新找回过往的记忆，发掘在地原有的特色，并将其融入新的社区规划设计之中，才能使社区具备永续经营发展的基础，进而延续地方优良的传统文化，带动区域的振兴与传承。

（2）学习创新社区愿景规划的模式与行动

由居民自己来进行社区愿景规划活动，一方面可让居民对自己的社区更加了解，另一方面也同时培养居民有效建构社区愿景规划的可持续方式。特别是在面对外来的专业者或行政部门时，也能产生互动对话和沟通协调，积极参与社区公共事务的策划与决定。此外，在学习过程中也可以扩大社区居民的视野，使他们对社区有更多的认识和想法，循序渐进地提升居民素质。尤其是通过在地居民对人、文、地、产、景等各方面的调查，发掘和了解在地特色，才能够建立居民对社区共同核心价值的认同和基于社区本身的主体性，确立属于在地居民共同的社区愿景蓝图。

（3）统合连接社区愿景规划的资源与平台

培养社区居民的自主改造能力，建立主动参与社区愿景规划的机制。社区的发展需要在地居民共同加入，不论是文化、产业或硬件工程，都需要由居民参与决策过程，甚至自主营造，才能够持续运作。因此，从积极鼓励社区居民检视珍惜现有的软、硬件资源开始，进而建立社区发展可运用的架构平台，逐步连接社区内外政府、社会的各类资源，整体有效运用；并同步培养社区居民参与社区公共事物及思考规划社区未来发展方向与活动执行的能力，使其能真正达到主动参与社区愿景规划的目标。

社区愿景规划为当代新的跨学科整合领域，不论在人文社会、经济或科学层面均有广泛关联。事实上，以往在推动类似具有前瞻性及创意性的政策方案时，往往面临一些基层社区理念认识不清、价值观念误差，以及执行时消极应付的问题。究其原因，或是因为政策理念倡导难以落地，也可能是因循旧规应变能力不足，因此建构坚实的在地论述基础，以及可操作的实践模式，应可有效推动。如前所述，嘉定区从以往长期的运作过程观察分析，社区治理推动的主体应由政府逐渐转向社区，慢慢形成以社区自组织为主、行政体系为辅，并加入专家学者与社会组织连接成的辅导团队，强调由社区本身开始，通过教育辅导的过程，促使社区居民自发地亲自参与社区治理工作，从改善环境空间等常态性工作着手，逐渐使居民对社区产生认同感，尊重社区历史人文、发掘地方特质并推动再生，强化连接各界资源，共同开创社区未来。嘉定区社区愿景规划机制的建构历程如图1所示。

事实上，社区愿景规划是一项长期的且牵涉广泛的社区生活质量与居民品味的提升过程。项目运作的初期阶段应逐步搜集各种基本信息作为推动各类项目工作的策划与执行的依据，包括理念推广、经验交流、技术分享，以及资源统整等。更重要的是，若想持续推动，一定要从居民对社区本身的认识与了解做起，整体动员来参与，自主性地推动社区愿景规划的工作。因为唯有居民自觉、自发地重视所居住社区的未来，才是可持续发展的长久之计。嘉定区自2014年开始的社区治理2.0版就是为社区愿景规划进行扎根的准备工作，其具体的推动执行项目如图2所示。

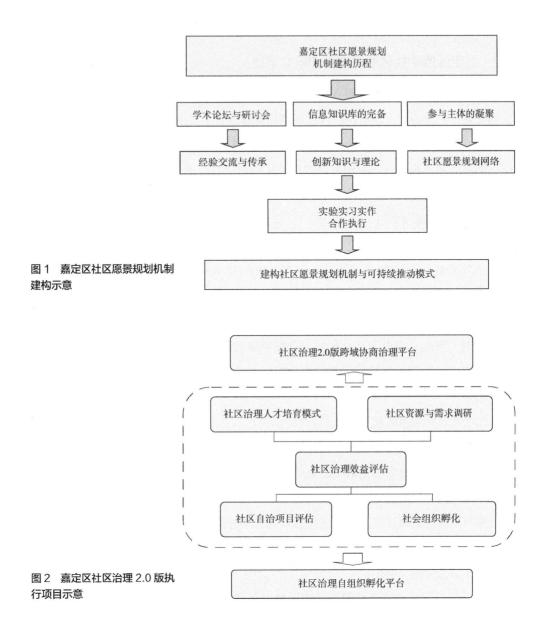

图1 嘉定区社区愿景规划机制建构示意

图2 嘉定区社区治理 2.0 版执行项目示意

综上所述，从认识社区基础信息开始，到建立社区愿景规划的信息知识库，进而发掘课题推动社区发展，是一种居民可以学习成长、凝聚共识，以及学术团队合作，共同参与社区环境再造与居民生活提升的重要模式。尤其是在居民是社区愿景规划主体的前提下，起点应该是从居民的自身开始做起，通过对社区的认知，省思和察觉生活上的各种细节。同时，对地方公共事务进行学习了解，以利于有关社区愿景规划的思考与想象，常可由单一的课题切入，如社区绿植美化、公共空间使用运营等，通过学术社群与居民自组织的共同积极参与，再带动其他相关议题，整合成总体的具有创新模式的社区愿景规划。

3.2 嘉定区推动社区愿景规划的核心策略

鉴于社区愿景规划必须要有长期投入社区运营的承诺，让社区居民能够为自己生活的环境尽一份心力，同时让社区治理能在地实践，实践的一般性策略通常是从想法到感觉，再让感觉产生行动，进而使行动产生结果。尤其是连接到社区公共空间环境议题的社区愿景规划，其目的是希望让进住的居民可以从个人的一个想法开始萌芽，再逐步开始谋求共识，进行社群意识凝聚，共同完成在地实践的梦想。因此，核心策略如以下四点所示（图3）。

（1）社区愿景差异化

近年来政府部门对走进社区、服务社区的相关资源投入逐年提高，大部分社区规划的思维多数还是让居民在原有社区的环境中，由专业规划者提供规划设计服务，强调圆一个理想生活的梦等。而在专业者为主的规划设计过程中很难避免无差别性复制。因此，应思考从社区的自身特色建构开始，以区隔与其他社区的不同之处，希望以建构差异化的社区愿景为目标，创造出一个具有品味与质量的特色社区生活场域。

（2）社区规划示范化

借由以往长期推动社区睦邻的实际操作经验，作为执行社区愿景规划机制的准备工作，让居民先由自身力量的完善去产生对实质行为与生活环境的影响，然后再强化对社区的认同、归属感等，让推动实现社区人居理想环境的过程成为一个可期待的示范，并可以作为类似社区进行社区愿景规划的参考依据，让更多居民可以更有幸福感及成就社区的可持续性。

（3）日常生活文明化

因近年嘉定区经济开始起飞，带动地方整体的快速成长，但是经济的蓬勃发展也带来不少问题。例如，城乡空间环境品质的差距仍然存在，对生活的质量要求也

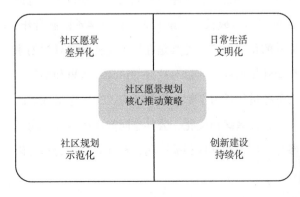

图3　社区愿景规划核心推动策略示意

有相当差距。然而，群众的生活需求是在逐渐提升之中，在要求生活的便利性及舒适性方面也相对提高，因此日常生活的文明化便成为在社区整体愿景发展中极为重要的操作策略。

（4）创新建设持续化

社区愿景规划的目的在于让居民对日常生活文化及居住环境可以有更多的认同与尊重。因此，对于外在社会环境的持续变动与可能面临的困境，必须要从开始便考虑持续学习创新的可能，而且通过居民可以自主地不断从社区环境中获得学习成长及成就，因而更能对社区生活环境提供保护及尊重，让生活、生产、生态达到三者平衡，加上资源与制度规范的不断创新，让社区居民能够持续地共同参与思考与解决社区所面临的问题，进而建立具有可持续性的正向循环机制。

综上所述，从认识社区开始，到建立社区基础信息的知识库，进而发掘课题进行社区愿景规划，是一种居民可以学习成长、凝聚共识，以及团队合作，共同参与社区公共环境改造的必要过程。在居民是社区愿景规划主体的前提下，社区愿景规划的起点应该是从居民的自身开始做起，通过对社区的情感、记忆进行反省和察觉日常生活上的各种细节，同时对地方公共事务进行学习了解，将有利于促成他们面对有关社区愿景规划时的思考与想象。外来的专业团队或专业人士的协助固然也是重要的一环，但是在地居民仍应扮演最主要的实际推动执行工作的角色。

3.3 嘉定区推动社区愿景规划的操作程序

嘉定区社区愿景规划的核心价值仍是以满足社区居民的日常生活需求为主，进而提供后续社区愿景建构与持续运营的需要，这样才能带给社区最大帮助。因此，在进行社区愿景规划相关工作时，应以居民为主体来推动执行，嘉定区自2014年以来积极筹划推动社区愿景规划项目，整理其具体的操作程序概述如下。

（1）建立核心工作组

寻求社会组织、社区自组织、相关行政部门或赞助支持方的代表，建立初期的工作组织，其目的在于建立理念、核心价值与工作目标；进而研拟初步的工作方案，以提供下一阶段的讨论。

（2）召开社区居民会议

在研究制定初步的操作方案后，即可通过公共参与的程序，号召社区全体居民共同参与交流、讨论与确立工作的价值、理念、目标与后续的工作模式。也可借由会议的过程集思广益，发掘新的课题与热心公共事务的社区志愿工作者。

（3）寻求专业团队协助

依据所讨论具有共识的工作方案，寻求与课题相关的专业社会组织，或大学相关院系的学者专家，甚至是企业组织的顾问及咨询人员提供协助，可有效提升工作方案的可执行性与成果效益。

（4）制定执行运作方案

具体制订资源调查的行动方案，包含阶段性目标、工作项目、人力配置、执行策略、操作方法和步骤、经费需求，以及预期成果。同时，在执行方案的制定过程中，广泛纳入各方意见，并持续进行讨论和修正。

（5）进行实质推动工作

依照前述制订的执行方案，依据社区居民的需求，进行实际的实验性或实作性执行工作。常以社区居民为主体的模式进行，专业者仅以旁观协助的角色进行适时引导与咨询。

（6）成果汇整记录建档

为了扩大相关项目工作的成果效益与后续的应用，过程中所收集或记录的各项实体文件或影音纪录，进行适当的分类建档与数字化处理，并择要出版以扩散项目执行效益。此外，也通过渠道公开展示或提供民众参考，后续可根据回馈的意见与建议进行持续的检讨分析与调整修正。

从2018年开始，嘉定区社建办在以往的成果基础上，更积极地推动社区愿景规划工作，所着重的议题大致可分为人文教育、社区治安、产业发展、社区服务、环境景观、环保生态等不同面向。主要的操作程序是根据构成地方生活、生态、生产的"三生"体系中"人、文、地、景、产"的脉络和特色，借由自治项目扶持的辅助，通过居民的积极参与活动，再带动其他相关社区治理工作，整合成总体的社区愿景规划项目。

4 嘉定区社区愿景规划模式建构

嘉定区拥有悠久的历史文化传统，邻里关爱、守望相助的传统仍然延续，却也面对当前快速的城市化进程和大量居住搬迁的冲击和挑战。嘉定区推动社区愿景规划项目，希望能通过建构社区生活共同体进而参与社会建设和社会管理，有意识地把社区治理与睦邻文化的再生产连接起来，贯彻"居民的事由居民自己办，社区的事由社区成员共同办"的理念。虽然社区愿景规划项目的推动还是需要专业人士的技术协力及政府资源的支持，但居民自我学习成长、凝聚共识及培养在地情感的过程，才是社区愿景规划最重要的精神。尤其是社区经由培力（empower）的过程，建立社区愿景规

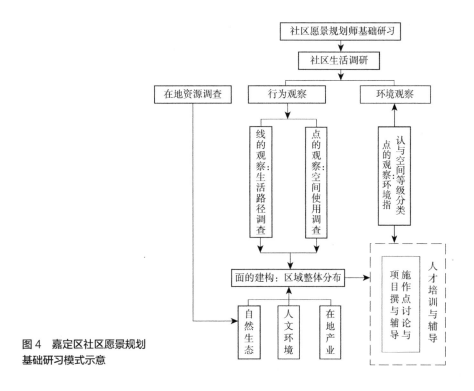

**图 4　嘉定区社区愿景规划
基础研习模式示意**

划小组，与专业者及政府部门共同协力，维系良好的生活环境互动关系。同时，借由
手工打造来选择符合地方美学的工程材料，而非不假思索地采用规格化的工业产品。
进而重拾社区居民对生活空间的情感，自主维护自己的生活环境景观，如此结合社区
居民日常生活行为需求而自力打造的社区环境空间，才有永续维护管理的可能，并能
与时俱进、历久而弥新。

　　基于上述理念，嘉定区在多年持续推动过程中发展出有关社区愿景规划的3种模
式，分述如下（图4）。

4.1　社区愿景规划基础研习模式

　　进行社区愿景规划项目的前期准备工作，重点在于社区居民的社区愿景规划基础
知识的学习养成，其操作方式如下。

　　（1）环境观察

　　包括在地环境指认与建构空间等级分类。一般而言，在培训学习前，社区居民对
社区愿景规划的概念并没有深刻认识，因此，通常只能以实际案例来做分享，让居民
了解社区愿景规划的重要性与正面效益。经过实验，较有成效的方式为先收集居民们
最熟悉的环境图像进行讨论，先针对环境进行主观的优劣评析后，再通过几次的工作
坊讨论，逐步地选出要进行改造的课题与施作地点，同时协助指导社区居民撰写环境

空间改造项目计划书。

举例来说，就是先通过居民的角度观察社区内的空间景观，将环境景观通过观察者个人主观的价值判断进行分类，分别为"优"——永续的维护及保持，意即此类的空间景观可持续地保持甚至以此为示范扩大规划；"佳"——需进行简单的维护管理，是指其本身具备良好的特质或条件，但缺乏进一步维护，如稍作改善或环境整理，应可达到不错的视觉效果；"可"——需进行环境的美化或空间的改善与再利用，代表本身也许已具备相关条件，但由于与居民生活需求不甚吻合，因此建议可做部分重新规划；"差"——空间现况与在地生活需求完全不符甚至有碍观瞻，因此建议做大幅改善。

环境观察的目的在于希望通过在地居民的眼光观察社区内的空间景观，由于人长期生活于同一环境内，常因习惯而忽视与关怀自己的生活居住空间，因此通过这样的操作方式，希冀借此刺激居民重新检视社区内的环境空间，同时借由共同讨论、思辨的过程，将检视成果列为未来营造生活空间硬件设施规划设计的依据。

（2）行为观察

进行生活路径的调查。以问卷访谈为主，辅以认知地图的绘制，进行社区居民生活路径的调查，通过与居民的对谈得以了解平时的生活形态，建立个人与特定社群，如年长者、青少年等群体的生活路径，探究真实的社区居民生活行为需求与生活路径的使用情况，结合上述环境观察结果，进行实质的改善建议及提案执行。

4.2 社区愿景规划辅导陪伴实验模式

推动嘉定区社区愿景规划项目必须彻底考虑嘉定区实际状况与未来持续的可能性，一方面延续过去睦邻工作成果，同时寻求解决现有困境的方法，明确社区愿景规划项目目标与机制。此机制的建构，在于激励空间专业者走入社区，并与社区居民结合，重新建构对公共事务的关怀及参与，建立社区生活共同体的意识。并在成员的互动及参与过程中，建立新的社区人际关系、新的生活文化与塑造适宜当地的环境空间特色。基于此，借由专业团队驻地运作辅导陪伴，最终解决问题，将有助于社区愿景规划的成功（图5）。

（1）协同社区成长，落实培训人才任务

以专业培力团队辅导社区民众参与社区公共事务及规划社区发展方向，提升活动执行的能力，使其能真正达到自主参与协助地方社区空间改造，从实作中学习，达到技术移转、经验传承的目的，使社区居民人人皆为社区愿景规划师的理想得以实践而努力（图6）。

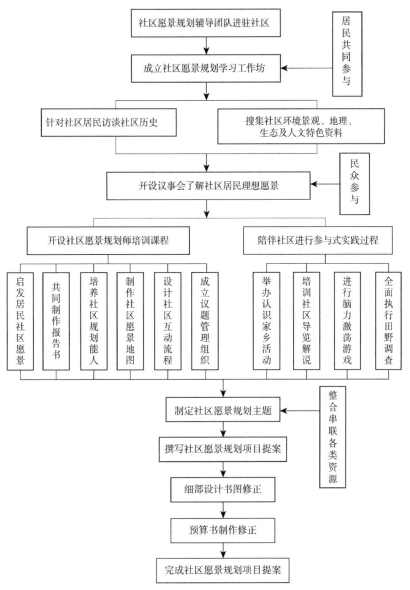

图5 社区愿景规划辅导陪伴实验模式示意

（2）发掘地方特色，连接整合各类资源

专业培力团队应善用地方特色资源，建立社区空间规划整合性架构，培育各类社区空间改造所需理论与实务兼具的社区人才。统合并有效运用相关共建单位可用资源，以艺术、文化及创新特色手法塑造具有地方人文特质的生活居住空间。

（3）建构在地知识，传承经验学习成长

通过人才培训的养成项目，建立在地化社区愿景规划应有的认知与精神，以协助建构社区民众与专业工作者之间的沟通桥梁，达成多元深化与扎根永续的目的。并促

图6 居民参与社区愿景规划工作坊操作实况　　图7 小组愿景规划成果报告分享

进各社区之间的交流，达成经验传承并互相学习。

（4）满足居民需求，共同制定发展课题

专业辅导陪伴团队与社区居民共同学习，借由深入了解社区的过程，以满足居民需求为主，制定社区未来发展课题，撰写社区愿景规划项目提案，寻求相关资源的投入，并落地执行（图7）。

4.3　社区愿景规划项目运作循环模式

基于前面提出的社区愿景规划基础学习与专业团队辅导陪伴模式，为推动持续的社区发展历程，可进行实际的社区愿景规划项目提案，从记录、传播及学习社区愿景规划开始，以工作坊的形式建构共同学习的网络机制。例如，建立社区愿景规划微信社群，不定期实时提供新知识与理论、国内外最新社区规划经验等信息。进而提出在硬件、软件以及韧体这三方面的规划执行构想与操作步骤，力求将社区打造成一个自

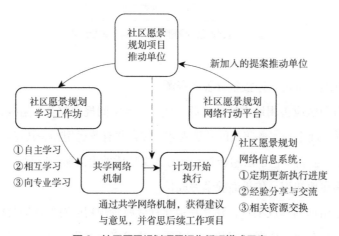

图8 社区愿景规划项目运作循环模式示意

主的有机体。通过滚动式的项目推进形式，以因应不同的状况，增加计划的机动性与效益。社区愿景规划项目运作循环模式如图 8 所示。

4.4 嘉定社区愿景规划案例

（1）背景与起因

随着城市化的发展，大量由高楼大厦构成的城市社区拔地而起，但是却很容易因为缺乏社区联系而成为冰冷的居住场所。城市社区的陌生性、冷漠性和警惕性不仅使得城市人对社区缺乏家园感和归属感，同时由于社区联系的缺乏而造成公共规范难以建立，社区自治缺乏基础，政府的社会治理也会成本高昂。而所谓社区的真谛，终归是一种有联系的人群。如何提升城市社区的活化度，营造一种"有温度的社区"，越来越成为一个城市发展和社区治理的难点与重点。城市社区居委会是社区治理的主平台，一头连接着政府，一头连接着千家万户。长期以来，大城市社区治理似乎进入一个怪圈，一方面政府对社区治理的投入越来越大，而另一方面是社区治理的效果总是难以符合预期。其中的原因有很多，关键之处即在居委会职能的"行政化"和居委空间的"死板化"，特别是后一点原因使得居委会和居委空间难以汇聚社区居民、融合社区意志、提高社区温度。嘉定区真新街道鼎秀社区"鼎治空间"的社区治理创新，正是在嘉定社区愿景规划操作执行中，社区各类主体的共同参与规划下应运而生的空间改造。

（2）做法与经过

鼎秀社区是真新街道以商品房为主的城市社区，主要于2007年前后开发建设形成。社区人口由本地居民、市区导入人口、购房进入的外地业主以及租住人口四类人群构成。长期以来，促进社区各类人口之间的融合，提升社区的联系和温度一直挂在居委会党组织心头，但始终没有找到好办法。

2012年，嘉定区社区居委会工作空间打破了传统的机关化办公模式（居委会1.0版），推行向提供服务转变的居委一站式服务（居委会2.0升级版）。全区在居民区层面全面推进社区规范化建设，核心内容之一是打造居委一站式服务点，即将原来分散于各空间的办事功能集中到一个规范化的大柜台。这种空间的重组在一定程度上便利了居民办事，提高了社区服务效率。但是美中不足的是，一站式服务柜台带有较为明显的行政化色彩，而且存在柜台内外的物理边界，容易形成社区工作者与居民的心理阻隔，居民与居委会之间容易形成"无事不登三宝殿"的松散关系，实际上对社区活化的促进效果并不十分突出。自2015年起，嘉定区开始启动社区愿景规划师的培训，居民的参与意识逐步增强，2016年，在社区愿景规划师培训时，提出是否可在居委会办公空间做些改变。之后，鼎秀社区愿景规划师团队在充分征求居民意见的基础上，并在嘉定区社建办和街道两级职能部门的指导下，在上海益家邻社区治理发展中心专家团队的技术支撑下，进一步升级社区活化的空间改造法，决定改变原来居委用房的结构和功能，对原来利用率不高、功能单一的居委用房进行多功能挖潜，特别是对原来行政化、阻隔式、边界清晰的社区一站式服务空间进行空间"折叠式改造"，形成多功能融合的社区共享空间。这种社区共享的折叠空间被当地干部视为社区活化的居委会3.0创新版，在上海市乃至全国范围内探索了首创经验。在具体做法上，鼎秀社区将原来属于居委一站式服务点单一功能的社区工作者办公场所进行了物理打通和生活化再装修，形成150m²的综合化、多功能的折叠空间。此折叠空间的特点是将居委办公场所与居民公共生活场所实现无缝式融合，既设置了办公基础设施，又叠加了生活休闲设施（书屋、咖啡厅、议事亭），通过可拆解、可组合的办公设施定制，使得办公设施与生活休闲设施融为一体、各得其所。在白天，折叠空间既能提供居委工作人员办公的基本条件，又能为居民提供静态化的生活休闲活动。在工作时间之外，折叠空间仍然做到了最大时段的开放性，晚上和节假日供社区居民开展各类主题活动与社群互动，营造出全年全天候开放的居民生活交流空间。鼎秀社区通过折叠改造形成的新型"鼎治空间"的功能定位是居民生活与居委工作的共享空间、文明礼仪与社会公德的学习空间、居民才艺与社区记忆的展示空间，以及居民交流与社区发展的协商议事空间（图9、图10）。

（3）成效与反响

在居民骨干和口碑传播的影响下，社区居民对折叠空间也经历了从好奇到走入，从走入到喜爱，再从喜爱到参与的连环发展过程，折叠空间的人气在不断积聚。折叠空间已经成为社区居民休闲、议事的好去处，不同年龄段的社区居民都能在折叠空间中找到归属。特别是，由于折叠空间叠加了较多现代休闲元素，对社区年轻人已形成

图9　居民生活与居委工作的共享空间

图10　居民交流与社区发展的协商议事空间

较大吸引力。例如，折叠空间提供了无线网络，一些年轻的社区居民在晚上、周末拿着笔记本电脑到折叠空间中"干活"和休闲，也有一些社区居民把折叠空间当成社区咖啡厅和社区读书室。大家把折叠空间亲切地称为"鼎治空间"。鼎秀社区还建立了社区工作者与居民骨干的 AB 角制度，即社区工作者作为 A 角，居民骨干作为 B 角，B 角发挥对 A 角的辅助作用，在 A 角不在或繁忙的情况下，为前来办事的社区居民提供辅助性接待，较为有效地提升社区居民对社区事务的参与度、知晓度和体验感。到目前为止，鼎秀社区的折叠空间的社区活化功能已经在两个方向上不断得到体现。一方面，折叠空间正在成为社区居民养成公德意识的有效场所。公共道德并不能在私人生活中养成，而只能在多主体共同在场的公共生活中养成。一位社区居民指出，到了"鼎治空间"，好像进了"五星级宾馆"，大家都会更加自觉地注意自己的行为举止。另一方面，折叠空间也正在成为密切干群关系的有效场所。干群关系之所以容易发生脱节，关键是行政化思维替代了社区居民的真实需求，而折叠空间的设置好比在社区服务的供给端进行了一场供给侧改革尝试，通过在居委空间中叠加更多的休闲生活功能，让原来被行政化占据的空间部分地归还到社区居民的本真生活，居民对社区产生了一种认同感和归属感，而在这个过程中，干群关系自然也就走近了。

共同治理的社区居委会 3.0 版，在原有一站式服务的功能上，通过积极创新、资源整合，把居委会打造成为一个社区共同参与运作经营的共治空间。通过物理空间的改造、运营和发酵，推动理念转变和机制创新，提升个人道德和行为准则的型塑。空间的改变消除了办事与理事天然隔阂，成为党政工作和居民自治的一个连接点，是自上而下政策服务和自下而上需求回应的对接点，拓展了"自治 + 共治"的深层寓意，兼顾了服务延伸和活动扩容需求，具有可生长性、可持续性；拓展了党政工作的管理阵地，实现了社区服务的功能叠加，推动了社群关系的良性互动，激发了居民自治的内在活力，是一条集智创新之路。

2017 年 10 月 11 日，"上海观察"对"鼎治空间"进行了宣传报道，10 月 23 日，"上海观察"头条新闻再次进行报道，10 月 28 日，嘉定新闻做了专题报道。10 月 23 日，嘉定区在"鼎治空间"召开研讨会，2017 年 11 月 3 日，嘉定区召开"宜居家园"建设专题推进会，要求全区大力推进 3.0 版居委会建设工作。"鼎治空间"还因其在自治、共治实践方面的独创性，上海市民政局指定"鼎治空间"为 2017 年全国社区治理创新大会上视频播放的工作亮点，被"2017 第一届全国社区发展及社区营造论坛"确定为参观点。

（4）探讨与评论

在市场化力量的影响下，城市社区活化是一项艰难的事业。鼎秀社区以"折叠法"

构造新型社区共享空间，是一种社区活化的空间改造和功能融合思路，拓展了大都市城市社区治理的新路径和新方法，具有较强的可复制性和可推广性。"鼎治空间"不仅较为有效地加强了社区联系，增强了社区居民之间的熟悉度，提升了社区居民与居委之间的联系度，而且通过公共空间再造强化了社区居民的公德意识。与此同时，"鼎治空间"较为成功地拉近了政府与社区之间的心理距离和物理距离，让政府的意图与社区的真实需求产生了精准对接效应，提高了社区服务的参与度、精准性和满意度，可以视为城市社区治理层面的一次"结构性改革"尝试。

上海市社工委业务处室领导认为，"鼎治空间"让居民有获得感，第一是生活上有便利感，第二是邻里间有和睦感，第三是环境上有舒适感，第四是精神上有愉悦感，最后是干群上有信任感。上海市民政局基政处章淑萍处长认为，最大的颠覆就是把居委空间做一个非常创新的改变，很有实践探索的价值。华东理工大学何雪松教授点评说，鼎治模式包括四个方面内涵，一是以人民满意为中心，二是以空间改造为起点，三是以关系建构为重点，四是以美好生活为目标。上海市委党校何海兵教授坦言，"鼎治空间"是他目前看到的新时代社区治理的一个创举，是一次非常大胆的尝试，每一次去空间，都非常兴奋，都能产生让人留下来的想法。清华大学建筑学院刘佳燕副教授认为，在"鼎治空间"里营造出现一种很有意思的所谓"空间链接"的效果，通过复合的、灵活的空间功能设置，有助于促进行政事务、社区服务与居民生活之间的对话，推进不同主体间的情感链接与共识形成，借由时空间效能叠加，实现效益的成倍增长

5 结语

随着经济与社会的逐渐转型，具有创新特质的社区愿景规划已经无法借由传统的思维与操作来有效因应，而必须通过以居民为主体的共同治理模式来运作，注重网络化、合作化，以及群组化。此外，要能逐步建构社区愿景规划项目的内部与外部有效连接的机制，用以凝聚理念与形成共识。同时，善用各类组织工具与深入分析信息，强化社区愿景规划课题的广度与深度，并型塑协力执行的模式与外部资源投入的渠道，达成对社区愿景规划模式与相关知识体系的深化扎根，以便后续社区愿景规划相关工作的推动。

在社会效益上，在嘉定区未来社区愿景规划的整体发展脉络下，我们可以了解对于地区独特人文、历史与在地特色，以及不可替代的自明性的城市景观，建构出具体可行的规划与实践工具和程序，而其自明性的塑造，并非一定全然运用公共工程等硬

件来彰显，反而应以嘉定区过去发展所累积的特质为基础，并积极结合政策发展方向，以及整体环境永续发展的准则。一方面针对不同的空间需求与地域条件及发展特色，制定出属于自身社区环境的生活形态，其意念应完全表达出社区的核心价值，并且形成独特的生活空间环境特色，渐而形成可表达各种景观内涵的基本原则，有效强调社区空间的自明性。另一方面，为使每年花费的相关经费能够准确地发挥效益，除必须考虑到行政部门的财政承载能力外，也应加强对项目执行内容是否符合且满足社区居民需求的管考。因此，为寻求社区发展愿景的可持续运营，应制定多面向的考核机制，可将自主性、使用性、管理维护等作为社区愿景规划设计及管理维护考核的依据，以扩大项目效益。

在嘉定区的做法呈现上，从持续推动社区愿景规划的经验来看，可以预期的项目整体效益有如下 5 点。

①建立嘉定区社区愿景规划与公共环境质量考核机制，以建构街镇特色整体性的环境景观发展。

②创建具有属性分类及整合性的社区愿景规划知识库。

③建构社区愿景相关的行政整合机制，强化行政执行效力，达成有效带动各级行政部门在有关社区愿景项目的推动与执行力。

④考虑社群、文化、习俗、环境特色等背景，在整体发展过程中提升资源相互连接与运用，建立一个属于在地环境的可持续发展机制。

⑤活化社区既有的公共空间，营造社区环境新风貌，并且通过参与式的环境规划流程，激发社区居民与专业团队的良好互动与创新，进而推进全体居民对社区公共环境的维护及尊重。

在未来的持续推动和挑战上，嘉定将健全社区共营理念引领下的社区愿景规划师的综合评价机制，以公共参与性、计划操作性、计划持续性、社区影响性为衡量标准进行评估和验证。

参考文献

[1] 王本壮，黄健二. 苗栗县社区规划师培训计划执行成果报告书 [R]. 2002.

[2] 王淳熙，傅朝卿. 台湾文化景观保存区研拟与实施策略之研究 [J]. 建筑学报，2014，88：119-140.

[3] 杨国枢，文崇一，吴聪贤，等. 社会及行为科学研究法（上册）[M]. 台北:东华书局，1978.

[4] 台北市都市发展. 台北市社区规划师制度推动检讨与甄选作业办理总结报告书 [R].2002.

[5] 周宛瑜. 客家生活环境空间语汇之研究——以苗栗市及周边乡镇为例 [D]. 苗栗：台湾联合大学，2012.

[6] 刘为光，卢纪邦，陈世明. 台南市旧城边缘带空间形态在当代都市生活中的文化意涵 [J]. 建筑学报，2013，85：227-244.

[7] TUAN Y.F.STRAWH M.A..Religion：From Place to Placelessness[M]. Press：Center for American Places at Columbia College Chicago，2010.

[8] WANG B. C.，CHOU F. Y.，LEE Y. J.. Awareness of Residents Regarding the Construction of a Sustainable Urban Community[J]. Systemic Practice and Action Research，2010，23：157-172.

[9] WANG，B. C.，CHOU F.Y.. Toward Sustainable City：The Theory and Practice of Building Urbancommunity Garden[C]. International Conference 2011 on Spatial Planning and Sustainable Development，2011.

[10] WANG C.H.，FU C.C..The research of planning and implementation strategies of conservation areas of cultural landscapes in Taiwan[J]. Journal of Architecture，2014，88：119-140.

设计介入

北京东四南历史文化街区的参与式更新
——生根发芽

赵　幸

1　北京老城历史文化街区规划中公众参与背景

　　公众参与是指公民为维护或促进社会公益，通过各种合法途径与方式表达合理的利益诉求、影响公共活动以及公共决策的社会政治行为。其本质在于平衡利益相关方的多元诉求，整合社会资源，推动多层次非政府组织和个人与政府部门的协同合作，并最终影响决策①。2007 年，《中华人民共和国城乡规划法》提出，各类规划报送审批前应采取论证会、听证会或其他方式征求专家和公众意见，首次明确了规划中公众参与环节的法定地位。

　　在当前新型城镇化背景下，城市规划公众参与的重要性被提升到新的高度。党的十九大报告中提出，要坚持以人民为中心，"把人民对美好生活的向往作为奋斗目标，依靠人民创造历史伟业""保证人民当家做主落实到国家政治生活和社会生活之中"。习近平总书记在 2017 年 2 月调研北京时指出，"城市规划建设做得好不好，最终要用人民群众满意度来衡量"。新编制的北京城市总体规划则围绕转变规划方式、保障规划实施、创新社会治理提出要求，应"尊重市民对城市规划的知情权、参与权、监督权，调动各方面参与和监督规划实施的积极性、主动性和创造性，使规划更好地反映民意、汇集民智、凝聚民心"。随着城市发展进入存量更新阶段，城市规划工作的方法和规划师所扮演的角色都面临着转型的挑战，不仅要一如既往地运用专业知识提升城市规

作者简介：赵　幸，北京市城市规划设计研究院高级工程师，史家胡同风貌保护协会秘书长，中社社会工作发展基金会社区培育基金秘书长。

①　喻涛.北京旧城历史文化街区可持续复兴的"公共参与"对策研究 [D].北京：清华大学，2013年.

划设计水平，更要通过与市民的沟通与协作推动规划实施、提升城市治理水平，让城市真正承载市民共同的生活理想。

在各类城市地区中，老城胡同平房区具有社会关注度高、历史遗留问题多、利益相关方复杂的特点，因此其规划中的公众参与和一般街区相比具有更大的必要性和推进难度。在北京老城 62.5km^2 范围内，现存 33 片历史文化街区、5 片风貌协调区和其他一般平房区，总面积约 26.2km^2，约占老城总面积的 42%，因此通过参与式手段推动胡同平房区的规划实施与社会治理创新也是实现老城整体保护的关键。近十余年，北京市规划和国土资源管理委员会及北京市城市规划设计研究院（下文简称"北规院"）以北京老城历史文化街区为重点，开展了控规公示工作坊、什刹海地区责任规划师制度试点、交道口街道菊儿社区活动用房改造、新太仓历史文化街区保护规划公众参与等一系列公众参与规划的尝试 [1]。在长时间的实践积累下，逐渐积累了利用公众参与手段推动规划编制与实施的方法和信心，也清楚地认识到，历史文化街区公众参与路径的探索需要长期循序渐进地探索、推动和深化 [2]。因此，2014 年起，北规院选择以东四南历史文化街区为试点开展全面的公众参与规划实践探索，并从空间规划提升向社会治理创新渗透，试图加强公众参与的制度化建设，培育居民社区自组织能力，实现共治共享，营造"我要保护"的社会氛围。同时，在东四南实践的基础上，希望进一步总结提炼方法论，并逐步形成相关政策机制设计，为北京市域范围内推进公众参与城市更新提供经验借鉴和制度框架。

2 东四南概况及工作思路

2.1 东四南历史文化街区概况

东四南历史文化街区位于东城区朝阳门街道办事处辖区内，是北京市第三批历史文化街区之一（图 1、图 2）。街区的街巷肌理自元代形成以来几乎完整延续至今，44hm^2 范围内现存 170 多处保护院落、30 余个垂花门、200 余座砖石影壁、3 块上马石，物质文化遗产极其丰富。同时，街区内有不少于 32 处名人旧居，其中曾居住的名人上百位，更有大量曾发生重要历史事件的知名场所，体现出浓厚的人文环境氛围。

① 陈朝晖，叶楠. 公众参与规划平台上的社区自治——一次公众参与活动的真实记录与思考 [J]. 北京规划建设，2013（11）：99–106.
② 冯斐菲，廖正昕，赵幸，等. 生根发芽——北京历史街区规划公众参与及社区营造实践探索 [R]. 北京：北京市城市规划设计研究院，2016.

图1　东四南历史文化街区区位（上）
图2　东四南历史文化街区影像（下）

　　与此同时，东四南地区却也面临老城平房区典型的困境与问题。街区内目前常住人口约1.3万，大部分居民居住在平房大杂院内，房屋质量差、市政设施落后，即使含加建房在内的人均居住面积也仅约12m²。但与同在老城内的大栅栏、白塔寺等街区不同，东四南地区目前并没有改造更新立项和实施主体，政府对该街区并无大规模的资金投入，也暂无疏解腾退计划，因此当前的居住人口密度和公共设施环境不具备短时间内发生改变的条件①。

_____

① 廖正昕，赵幸，高超，等.东四南历史文化街区保护规划 [R]. 北京：北京市城市规划设计研究院，2012.

街区的保护更新只能依靠基层政府即街道办事处的日常治理与体制内现有资源实现点滴改善，这尽管为街区发展带来一定制约，却也为"自下而上"的小微更新和社区自治带来培育的时间和机遇。同时，由于当地的教育资源优越，街区内保持着较高的原住民留驻比例，常住人口中约 70% 为户籍人口，近半数常住人口在本地居住逾30 年，稳定的社会环境和深厚的街区情感也为挖掘街区文化、推动社区自治奠定了重要基础。

2.2 实践平台搭建

2010 年，朝阳门街道办事处和英国王储慈善基金会（中国）以东四南历史文化街区内的史家胡同为试点开展了公众参与的"社区工作坊"，在收集居民意见的基础上，决定将史家胡同 24 号改造为胡同博物馆。2013 年，史家胡同博物馆建成并对外开放，成为北京第一个植根社区的胡同文化博物馆，被称为"文化的展示厅、居民的会客厅、社区的议事厅"，受到社会的关注和居民的喜爱。

与博物馆建设几乎同时，2011~2012 年北规院受北京市规划委员会东城分局委托，编制了《东四南历史文化街区保护规划》，作为街区开展保护更新工作的指引。在规划编制完成后，北规院与街道共同初步建立起"责任规划师"制度，尝试通过规划师长期跟踪参与街区建设，协助基层政府对接"自上而下"资源和"自下而上"力量，实施保护规划，推动街区更新。

在史家胡同博物馆、保护规划和责任规划师制度的积极触动下，东四南地区开始试图进一步建立街区保护更新的多方参与机制和良性循环。2014 年 9 月 24 日，朝阳门街道办事处与北规院共同推动成立社会组织"史家胡同风貌保护协会"（下文简称"协会"），形成了引导居民、产权单位、政府和各种社会力量共同参与街区建设的社会组织平台。来自北规院、北京工业大学建筑与城市规划学院等机构的责任规划师在协会中担任顾问、理事和秘书长等重要角色，他们与街道紧密配合开展街区保护更新的顶层设计，并负责利用协会平台明确工作目标与方法，梳理整合政府、社会、社区各方的可利用资源，孵化创新项目并推进实施落地。

2.3 工作路径设计

在责任规划师制度和史家胡同风貌保护协会双重机制的助力下，东四南地区开始开展了小规模、渐进式、"自上而下"与"自下而上"相结合的街区保护与有机更新，从 2014 年至今，街区经历了"构建基础""营造生态"和"保障机制"3 个阶段（图 3）。

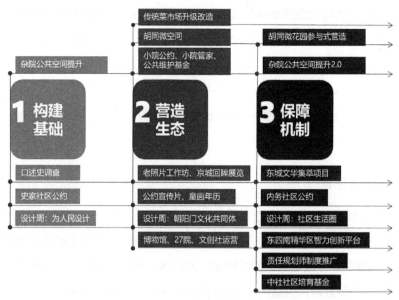

图3　工作路径示意

①构建基础阶段（2014~2015年）：协会成立之初，街道、社区与责任规划师从空间更新和人文复兴两个角度，以规模可行可控、围绕居民诉求、贴合协会定位为原则，开展了杂院公共空间提升、口述史调查、社区公约制定等试点项目，并以设计周为契机宣传工作理念，在探索街区更新全过程公众参与的同时，初步建立起街区自治的基础氛围。

②营造生态阶段（2016~2017年）：在试点项目形成一定积极影响后，各方继续以协会和责任规划师为平台推进创新实践的深化和拓展，不仅在院落改造基础上形成院落自治机制，优化和深化了口述史与社区公约工作成果，更进一步推动了胡同小微空间和传统菜市场等多种形式的公共空间改造，同时街区工作理念也吸引多家合作伙伴以运营公共空间的方式长期驻地共同实践，逐渐形成了多方协同参与的街区生态。

③保障机制阶段（2018年至今）：为维护和保障街区内多元参与、各方共建的良好生态，进一步形成良性循环，近一年来街道、东城区、北规院从多个层面推进建立东四南地区、全区、北京市等不同层面的参与式街区更新统筹协调平台，为政府、社会、社区居民各方可持续地参与街区建设提供了保障机制。

在这一过程中，始终坚持依托街区原本存在的生活与文化，循序渐进地孵化契合本地需求与特色的项目。项目主要围绕空间更新、人文复兴、场所运营、机制建设4个领域，以空间更新为主线、以人文复兴为辅助推动街区面貌和社会氛围的改变，进而形成长期在地运营的文化场所与日益完善的保障机制。

3 以参与式空间更新推动街区物质环境改善

空间更新方面，从涉及街区公共利益的公共空间和公共服务设施方面入手，开展了一系列创新的参与式设计实施项目，其中最具代表性的是大杂院公共环境提升和朝内南小街传统菜市场改造升级。

3.1 大杂院公共环境提升

（1）项目策划

为了探索多方参与的历史街区保护更新路径，责任规划师与街道决定以小微公共空间为切入点，借助协会平台，开展大杂院院落公共环境提升的试点项目。目前，许多四合院的院落空间已被多户居民分据成为大杂院，院落不仅被大量加建房占用，更需要满足通行、堆杂物、晾衣服等多种需求，且存在路面破损、排水不畅、蚊虫滋生等负面问题。因此，一方面尝试通过对院落公共空间的设计提升落实保护规划中对风貌保护、民生改善的相关要求，另一方面则希望以公共空间的参与式设计调动居民讨论身边的公共事务，形成长期自主维护公共环境的良性循环。

（2）试点院落选择和工作组织

在第一轮试点院落选取中，责任规划师与街道、社区共同筛选、现场踏勘，确定了8处邻里关系较好、改造需求强烈的院落作为设计对象，这些院落的规模、价值、居住条件各异，体现了东四南历史文化街区内具有代表性的不同情况。入选院落大致可分为"锦上添花"和"雪中送炭"两种类型。其中"锦上添花"类（图4）是保护状况较好、历史文化价值较高，但亟待保护修缮的院落，工作团队以协会为平台争取专项资金，和专业团队开展院落风貌的修缮，并以此为切入点营造更好的院落整体形象；而"雪中送炭"类院落（图5）则是典型的大杂院，居民改造呼声强烈，工作团队通过引入专业设计机构，与居民共同解决有限空间内的合理利用、夜间照明、无障碍出行、排水、晾衣等民生问题。

图4 "锦上添花"类院落现状　　　　　　　图5 "雪中送炭"类院落现状

图6　各利益相关方参与的实施动员会　　　　图7　规划师、设计师入户沟通协调

以协会为平台召集6家专业设计机构[①]，以志愿者身份负责这8个院落的参与式改造设计。同时，在试点项目开展过程中，责任规划师发挥把握规划实施原则、对接政府资源、召集社会协助、组织居民参与的作用，不仅提供专业技术，也建立平台纽带、推动规划实施。

（3）项目实施流程

在改善院落硬件条件的基础上，希望通过全过程多方的协同参与逐渐建立起居民自主参与公共空间维护的自治机制。

首先，组织设计师针对每个院落开展参与式设计，数十次深入院内与居民进行逐户沟通，并多次召开各利益相关方共同出席的讨论会（图6），开诚布公地讨论各方意见、寻求共识，促使居民适应对公共事务进行公众讨论的工作方式。

在此基础上，带领居民共同寻找院落内目前存在各类问题的根本原因，使大家认识到许多公共空间环境恶化的现象是由于居民自身在院内堆放废物、杂物造成的。公共环境的提升需要"有舍才有得"，居民必须牺牲一定个人利益，清除院内杂物，才能实现公共环境的提升。在达成共识的基础上，向各户居民明确改造内容并签订改造确认书。在扎实的前期工作基础上，居民亲自动手清理院落杂物，为施工队正式进场创造了良好条件。

当施工过程中遇到问题时，同样通过各利益相关方参与的现场协调会及时调整方案、达成共识（图7）。改造完成后，在居民家中召开项目总结会，共同制定院落自治机制，为长期保持良好的院落环境建立导则准则和制度保障。

（4）实施效果

目前8处试点院落除一处中途因故取消外，其余7处已全部完工。

---

① 6家机构分别为北京工业大学建筑与城市规划学院、中央美术学院建筑学院十七工作室、北京弘都城市规划建筑设计院、OSO建筑事务所、Crossboundaries建筑师工作室、北京市建筑设计研究院有限公司2a2设计所Platform B。

图8 前拐棒4号院实施阶段效果
（图片来源：OSO 建筑师事务所）

在"雪中送炭"类院落中，前拐棒4号院和内务部街34号院的改造最具代表性。这两处院落加建房屋众多，现有通道十分狭窄、排水不畅，而居民中有超过90岁的老人和盲人，出行存在诸多不便。因此，在此类院落的设计中更注重基础设施和便民设施的改善，院落整体采用透水砖铺装并重新敷设地下排水管线，同时加装无障碍设施，方便居民日常出行（图8）。不仅如此，在居民清除大部分闲置的院落杂物基础上，设计师为居民制作了防水室外储物柜，使居民必要保留的室外物品能够得到规范、美观保存。

"锦上添花"类院落中，史家胡同45号院是挂牌保护院落，院内有一处濒临倒塌的垂花门，因此在设计中尤其注重对院落整体风貌的提升及有价值建筑的保护。经过专业测绘与严谨论证，最终决定将垂花门拆除后原址、原貌重建，并绘以传统民居最常见的黑红净彩画。原垂花门残件则被编号收藏，在史家胡同博物馆中进行展示。同时，以垂花门修缮为契机，与居民协商拆除废弃的煤棚和违建，利用腾出的空间划分种植区，给居民提供种花、种菜、晾衣的空间（图9）。

多个院落施工完成后，居民自发制定了小院公约、选举小院管家，并由居民和协会共同筹资建立起小院公共维护基金（图10），形成了环境维护的长效自治机制。在居民的积极参与下，改造后大部分院落实现了卫生由居民分工维护、绿色空间由居民自行种植美化，院内新增违建现象也得到杜绝。目前，责任规划师已初步总结形成前期踏勘、参与式设计、施工动员、进场实施、后期维护几个阶段的项目实施流程，并尝试进一步建立居民自主申报、社会公开招募、专家审查、全过程沟通等机制。下一步街道拟委托协会组织开展第二批院落提升项目的申报，将参与式院落提升作为街区内长期开展的品牌工作[①]。

---

① 赵幸. 找回院子里的生活——院落公共空间改善参与式设计实践初探[J]. 城市建筑，2017（15）：52-55.

图9 史家胡同45号院竣工前后对比

（图片来源：北京工业大学）

图10 小院公约

3.2 传统菜市场改造提升

（1）项目策划

为进一步推动各方参与街区物质环境的保护提升，2017年街道委托北规院与文创机构"熊猫慢递"以朝内南小街菜市场为试点开展街区公共服务设施提升的创新实践。朝内南小街菜市场是一处由厂房改造而成的传统菜市场，当时已有超过10年未开展任何升级改造工作，一方面存在硬件设施老化、垃圾处理不及时、消防安全隐患、引发交通拥堵等各类问题（图11）；且由于经营模式的单一和传统，该菜市场的经营已受到附近超市的巨大冲击，经营状况岌岌可危。但另一方面，传统菜市场在社区内不仅承担生活服务功能，更是社区居民重要的社会交往空间，发挥了社区情感纽带作用。因此，不仅希望通过硬件设施的整体提升彻底解决菜市场给周边城市地区带来的负面

图 11　朝内南小街菜市场改造前
（图片来源：刘静怡）

图 12　菜市场改造后的空间效果
（图片来源：伦天洪）

影响，也希望使之成为承担更多社区服务职能的综合体和作为社区文化空间的生活美学院，并在此基础上探索形成此类城市存量空间活化利用的创新模式。

（2）工作组织

项目由责任规划师和文创团队共同牵头组织，为调动更多社会力量协同参与，尝试搭建协作平台，一方面邀请中央美术学院与北京林业大学团队担纲总设计，同时也邀请"下厨房"、"穷游网"、"不是美术馆"等机构、独立艺术家、设计师及社区居民、菜贩共同参与创作，策划了丰富而富有创意的文化内容，为菜市场植入新的功能和活力。

（3）更新改造内容

在菜市场改造中，首先开展了针对硬件设施与视觉环境的改造：不仅通过地砖铺设、墙体粉刷、灯具换新、冰船升级等设施、设备的改造解决菜市场过去存在的设施老化、安全隐患等问题；同时对菜市场内外空间进行了视觉美化提升，邀请艺术家在菜市场内绘制了老北京韵味浓厚的装饰画，并利用居民拍摄的菜市场照片对菜市场内部摊位招幌进行了统一的艺术设计（图 12）；在此基础上菜市场产权方也提升管理水平，严格管控货物、垃圾堆放和门前车辆停放，形成整洁的内外环境。

在空间环境提升的基础上，对菜市场的功能也进行了升级：一方面补充了为社区居民服务的洗染、缝补、保洁、按摩等生活服务业态；同时，专门策划了售卖菜谱、历史文化书籍、文创品的"小饭碗书店"和展示艺术家、居民创作的菜市场画廊（图13），丰富了菜市场的文化属性；此外，还策划了"菜市场博物学课堂""菜市场探访"等活动，向小朋友、年轻人介绍食材知识与菜市场改造理念。

改造完成后，在菜市场内策划了为期两天的菜市场生活美学院展览，以展示菜市场摊位改造、空间完善、功能提升的更多可能。在展览筹备过程中，规划师、设计师、艺术家、菜市场管理方、菜贩共同亲手制作展品，布置创意菜摊，制作以蔬菜为原料的文创产品和装饰花束（图14）。周边社区居民也积极参与，有居民亲手绘制了30多幅以菜市场改造为主题的速写作品，在菜市场画廊中展出，丰富了菜市场的文化展示功能。

（4）实施效果

改造后的朝内南小街菜市场从一个趋向衰败的基础民生服务设施，成为便利实用且充满文化魅力的综合服务场所。尝试通过多方参与的改造，探索对菜市场这类城市传统公共服务设施进行存量提升的路径，在提升其公共服务能力的同时，用创意文化

图13 菜市场画廊
（图片来源：朝阳门街道居民张振秋摄）

图14 菜市场生活美学院展览
（图片来源：伦天洪）

图 15　菜市场中的交往和互动
（图片来源：朝阳门街道居民张迎星）

内容吸引以年轻人为主的更多服务群体，调动人们在菜市场内产生更多互动和交往行为，使之发挥更强的社区情感纽带作用，激发街区发展的活力（图 15）。

4　以人文复兴活动凝聚社区精神

（1）项目策划

在开展物质环境提升试点项目的同时，责任规划师、协会也与街道、社区共同推进社区人文复兴活动，组织开展胡同口述史调查、胡同茶馆—社区公约制定、"为人民设计"展览等品牌活动。这些人文复兴活动不仅直接推动了街区历史挖掘、文化塑造和精神认同，更作为媒介建立起责任规划师与居民之间的伙伴关系和街区内的自治机制。

（2）胡同口述史调查

自 2013 年起，依托史家胡同风貌保护协会和史家胡同博物馆开展胡同口述史调查工作，试图通过口述史的收集与整理强化居民共同记忆，发掘社区能人。项目设立伊始，责任规划师组织史家胡同年轻居民和大学生志愿者共同在社区内采访老人，收集院落口述史。在文字记录的基础上，还组织举办了口述史成果展览和"胡同故事会"活动，发动居民共同参与讨论、分享生活记忆。

为了发动更多居民主动参与，2017 年，责任规划师、协会与史家社区合作发起了"老照片工作坊"项目，在史家胡同博物馆内帮助居民扫描家中老照片，借机请居民讲出照片背后的故事，并将照片和故事转化成展览和小册子。2018 年，利用北规院多年积累的东四地区历史照片举办小型展览，许多过去在这里工作和生活的人闻讯而来，寻找记忆中的影像，和大家分享他们印象中的东四地区（图 16）。这些共同的记忆强化了居民之间的情感连接，同时也为责任规划师收集到大量宝贵的街区历史与风貌细节，给未来街道风貌整治等规划工作提供了重要实证。

图16　北京人艺蓝萌海老先生与北规院团队分享口述记忆
（图片来源：孙天培）

图17　胡同公约讨论
（图片来源：廖正昕）

（3）胡同茶馆——社区居民公约制定

2014年起，责任规划师开始以协会工作人员身份配合社区举办居民议事的胡同茶馆活动，引导居民探讨身边事务。在轻松的氛围下邀请居民商议胡同中的现存问题和改进建议，居民自发提出制定"胡同公约"动议，并通过多次讨论形成草案，在征得全部居民意见后，由居民代表撰写成文并形成中英文双语（图17）。公约出台后，社区与协会举办了隆重的签约仪式并将公约在胡同内长期张贴，更陆续组织了儿童画公约、居民演公约等趣味活动，使公约越发深入人心，逐渐形成具有道德约束力的社区行为准则（图18）。

同时，在公约制定的活动中，一些居民积极分子脱颖而出，他们不仅在公约制定、撰写环节中发挥主导作用，更展现出较强的热情、能力和责任心。这些居民也在长期的街区更新与社会治理工作中发挥出越来越重要的作用。

（4）北京国际设计周"为人民设计"展览

为进一步宣传多方参与的街区更新理念，连续三年举办了以"为人民设计"为主题的北京国际设计周展览（图19）。展览由多方共同参与策划，一方面试图总结展示街区工作，让当地居民了解一年来各方参与街区更新与社区营造的最新动态，也向社会宣传东四南地区"自下而上"与"自上而下"相结合的保护更新模式，尝试吸引更

图 18　小朋友绘制社区公约年历
（图片来源：史家胡同文创社）

图 19　2017 年设计周展览现场
（图片来源：马玉明）

多有志于此的社会资源和力量投入其中。另一方面，展览也秉承"设计在日常"的理念，借助设计周邀请设计师、艺术家为展示街区文化、解决街区问题提供创造性的尝试，使设计回归"为人服务、为人民生活服务"的本真意义。

2015 年至今，"为人民设计"展览已举办 4 届，各年的主题聚焦"朝阳门文化共同体"和"社区生活圈"等街区发展理念。巧合的是，历年设计周的开幕时间刚好与协会成立的纪念日几乎同期，因此设计周对于东四南历史文化街区和朝阳门地区而言，不仅是一次对外发声的机会，更是街区居民、社会参与方共同的节日，提醒我们为了建设美好家园的共同承诺而持续努力[1]。

5　以公共文化场所运营沉淀资源与模式

在长期推动东四南地区的保护更新和社会治理创新过程中，责任规划师由最初的跟踪指导者逐渐成为深度参与者，也成为引导街区发展方向、孵化创新项目、培育社会组织的重要主导力量之一。为了更全面深入地参与街区建设并与居民建立融入日常

---

[1]　赵幸.北京国际设计周助力公众参与城市规划——规划师的实践探索[J].装饰，2016（9）：30-35.

的沟通和交流机制，2017年北规院决定入驻街区设立长期在地的责任规划师工作站，派出责任规划师团队与朝阳门街道共同运营史家胡同博物馆。

在责任规划师入驻前，史家胡同博物馆作为北京第一家胡同博物馆已具有很高美誉度，但日常运营的缺位使之欠缺不断更新的文化内容，也未能充分发挥出利用文化活动进一步激活街区保护和社区参与的作用。因此，责任规划师入驻后主要开展了3方面工作。

（1）利用临时展览和工作坊形式孵化参与式城市更新实施项目

我们坚持在东四南地区所开展的试点项目应植根于原本的社区生活与文化，因此这些项目的产生并非通过"自上而下"的指令，而须通过"自下而上"的发现与培育。责任规划师入驻博物馆后一方面通过观察与交流发现居民生活中存在的特色与问题，同时通过举办临时展览和工作坊的方式，示范性展示问题的解决方式。例如，针对院落绿化和旧物堆放问题，我们与中央美术学院建筑学院十七工作室联合举办"胡同微花园"改造展览（图20）和旧物改造工作坊活动，通过学生与居民的共同设计展现提升院落生活美学的可能性。针对胡同小微空间的利用，我们与北京工业大学建筑与城市规划学院、中央美术学院建筑学院等多次以"胡同微空间"为主题组织在胡同内的临时装置展览，探索小微空间合理利用的可能。这些临时展览和工作坊将改造理念和效果直观呈现，得到政府和居民的赞同，目前许多改造方案已正式立项，在街区内推动实施。

（2）利用文化活动和参与式运营建立伙伴关系

长期在地运营的身份使责任规划师更有条件与居民相互接触，但建立伙伴关系仍需通过一些有趣的媒介。因此，我们利用博物馆策划举办了包括七夕音乐会、复古摄影、老邻居聚会、过年大集等多种形式的文化活动（图21），让居民在有趣的活动中与我们加深感情。同时，我们也希望社区居民在博物馆的运营中逐渐发挥作用，目前我们

图20　胡同微花园展览

图21　胡同博物馆七夕音乐会
（图片来源：史家胡同博物馆志愿者刘洋）

不仅已建立起本地居民与文化爱好者共同参与的正规的讲解志愿者制度，也与社区居民英语班合作尝试建立博物馆英文讲解队伍，让博物馆成为社区居民展现风采的舞台。

（3）立体展现工作理念，持续导入积累合作方资源

博物馆的运营也为责任规划师积累了越来越多的社会合作资源。目前我们已经搭建起包含200多家各类机构的合作方平台，为社区营造和文化活动提供了丰富内容。同时，我们开设了"一日馆员"项目，招募社会上关心胡同保护和社区文化复兴的有识之士共同参与博物馆运营，为我们提出意见、建议，甚至成为长期合作伙伴，初步探索出利用公共文化空间运营聚集各类可利用的资源、推动社区营造的可复制模式与经验。

此外，除了由北规院运营的史家胡同博物馆外，近年来东四南地区还陆续落地朝阳门社区文化生活馆、史家胡同文创社、礼士传习馆等多家由社会机构运营的社区公共文化场所。这些文化场所的运营方在街区内多点布局，各自发挥能力，从艺术、文创、党建等多角度策划创新活动，形成活化社区氛围、调动居民参与的重要文化磁石。

6 以机制建设保障可持续发展街区生态

在多年积累下，东四南地区目前已初步形成政府、社会、居民多方参与、相融共营的社区生态。为了给这一辛苦建立的生态提供可持续发展的保障，并将相关经验向更多类似地区推广，朝阳门街道、东城区、北规院均开始搭建新的平台，为此类创新工作建立制度保障。

（1）东四南精华区治理创新平台

为加强对东四南精华区文化发展、城市建设、社会建设等多方面工作的协调统筹，同时及时总结工作模式、孵化创新项目，2018年朝阳门街道委托史家胡同风貌保护协会搭建并运营东四南精华区治理创新平台。平台一方面建立了包含街道各部门、各社区、在地机构和专家在内的工作组织和议事机制，同时也日常开展在地机构之间的交流沙龙和面向社工、居民的宣教活动，在了解各方需求的基础上，协助街道做好着眼全局的工作统筹和资源对接，制定精华区年度工作计划，持续培育品牌创新项目。

（2）东城区责任规划师制度

在东四南地区经验的带动下，北京市多个城区目前均已开始推动建立责任规划师制度。其中，北规院协助东城区制定了"东城区街区责任规划师工作办法"，以街道为单元聘请责任规划师单位，从专业角度为各街道办事处和区政府职能部门提供责任片区内规划建设管理相关业务指导和技术支持，协助各街道组织公众参与、规划公开等工作，推进城市共建共治共享。目前，东城区17个街道均已对接北京市城市规划

设计研究院、中国城市规划设计研究院、北京清华同衡规划设计研究院、北京工业大学建筑与城市规划学院等多家机构在内的责任规划师单位，并由单位任命具体的责任规划师团队参与到街区百街千巷整治等具体工作之中，为街区保护更新贡献了重要的社会参与力量。

（3）中社社会工作发展基金会社区培育基金

为了给街区更新中的社会创新工作提供资源保障，2018年北规院与中社社会工作发展基金会共同推动成立了"社区培育"专项基金。该基金是国内首支从城市更新视角推动社区治理创新的专项基金，旨在通过多元主体参与和协作，从宜居、人文、环境等方面对社区进行渐进改善，通过一系列持续的社区培育活动，创新社区服务模式，提高社区活力与魅力，满足人民日益增长的美好生活需要。"社区培育"基金成立后即调动多方资源合力开展了"胡同厕所革命""胡同微花园论坛"等与社区民生改善密切相关的公益项目，同时还推出"美丽社区计划"，拟针对技术革命、项目孵化、文化挖掘、宣教培训等多角度搭建平台，为城市更新与社区发展汇聚资源和动力。

7 成效与展望

7.1 实践成效

通过4年的实践积累，我们切实推动了历史街区有机更新的规划实施，也初步凝聚起社区人文精神和自治机制，形成了以下主要成效。

（1）一批空间更新试点项目实施完工

在多方共同努力下，东四南地区已通过参与式规划设计方法实现了一批院落提升、胡同空间提升试点改造项目，不但切实改善了街区风貌及居住民生，也积累了以规划实施公众参与为切入点，推动社区自治、提升基层社会治理水平的工作机制与实践经验。

（2）越来越多的社区居民、社会力量参与到街区建设之中

在空间更新项目和人文复兴活动带动下，居民开始越来越多地参与社区事务决策，一批有能力、有热情的居民领袖涌现出来，成为社区自治组织的带头人。在各类项目中，社会力量也发挥出越来越不容忽视的作用，我们不但建立起涵盖规划、建筑、人类学、社会学、传媒等多专业的志愿者队伍，更逐步与北京工业大学、中央美术学院等高校和多家社会企业建立起长期伙伴关系，形成了扎根社区、在地服务的文化机构联合体。

（3）逐渐总结形成参与式街区更新和规划实施的工作方法

目前东四南地区已形成针对街区公共空间提升、公共服务设施更新、地方文化挖

掘、社区自治机制建设的大量成功案例，也积累了开展此类项目所需的工具和合作资源，项目不仅在街区内开始进行复制，也向其他街区推广。同时，我们正在探索总结"街区体检—街区发展规划—街区更新与社区营造项目/空间孵化—空间运营—实施评估"的工作闭环，试图为开展此类城市更新提供更成熟的方法论。

（4）获得政府支持和积极社会评价

目前除朝阳门街道提供的支持外，东四南地区所开展的创新项目已以协会为平台申请到东城区名城委、文委、民政局等多个政府部门的专项资金支持。同时，东四南历史街区开展的规划公众参与和社区营造工作也获得CCTV4《走遍中国》栏目、《人民日报》海外版、《瞭望东方》周刊、中国社区报等多家主流媒体的正面宣传，体现出各级政府对相关工作的关注与认可。此外，2017年东四南历史文化街区规划公众参与获得住房和城乡建设部颁发的中国人居环境范例奖，其示范价值得到充分肯定与鼓励（图22）。

7.2 经验模式

东四南历史文化街区依托责任规划师制度和社会组织史家胡同风貌保护协会，初步探索出一种不依赖大规模资金投入、"自上而下"与"自下而上"相结合的街区自主更新模式。其中，社会组织发挥了重要的平台作用，实现了政府、社会、社区资源的汇聚和项目的组织；而责任规划师则发挥全局统筹作用，不仅协助基层政府进行顶层设计和上下资源的对接，更以创新项目为实体进行有效的资源导引，实现街区更新与规划实施的循序推进；同时，街区内各项工作的开展均以基层政府街道办事处为主体，在现有体制机制内最大限度汇聚政府各部门支持、实践创新，体现出街道基层善治的组织能力和长远眼光，也为这一模式的复制推广提供了可能性。

总的来说，东四南历史文化街区的实践展现了老城历史街区更新与规划实施的模

**图22 东四南历史文化街区规划公众参与
获中国人居环境范例奖**
（图片来源：公众号"京呈"）

式转变，即由开展运动式的改造项目转向营造多方参与的街区生态，推动街区风貌保护、民生改善和社区自治。相信随着老城保护工作的持续推进和各项政策机制的理顺，这一工作方法将适用于老城内各类街区，同时也能够在老旧城区更新、乡村建设等领域直接发挥作用。

7.3 未来展望

尽管开展了一段时间的实践探索，但公众参与规划对于我们而言仍是一个全新的领域。目前，我们已初步从专业人士主导的城市规划编制与实施转向了规划师引导、社区参与的规划实施模式。未来，我们还须进一步通过居民能力的培育，实现规划师与社区之间的平等合作，并最终实现由社区主导、责任规划师协助的可持续发展模式。

为实现这一理想愿景，我们还需充分正视街区更新中几方面难以回避的现存问题，并从理念、资源配备与制度设计层面寻求解决方式。

（1）根本民生问题的解决

尽管东四南地区已通过开展针对公共空间、公共服务设施的小微更新项目逐步"自下而上"推进街区更新与民生改善，但这些小微更新难以解决街区人口密度高、人均居住面积狭小、市政基础设施落后的结构性问题。在我们试点院落公共空间提升的案例中，一些院落人均居住面积不足 $10m^2$，即使实施了院落环境改造，由于住房面积过小，居民仍然会在院落空间内继续堆放物品，改造效果难以维持。因此，历史街区仍需建立机制，配备条件合理的外迁安置房源，供有需要的居民自主申请。同时，在人口疏解的基础上再进一步改善留住居民的生活空间，不仅实施院落公共空间提升，也为居民引入正规的厕所、厨房、储藏室空间，并建立有效的自主维护机制。

（2）社会参与的可持续性

东四南街区实现各类创新性的小成本微更新的前提是，有大量高水平的专业人员以半志愿的方式持续参与街区建设，无论是规划师、建筑师还是各专业志愿者，他们均为街区发展贡献了大量隐性的智慧与人力资源。这一模式在项目试点阶段是可以实现的，参与方的投入可以获取学术研究成果、社会声誉、媒体宣传等回报。但当街区发展进入可持续的复制推广阶段，便难以再以这些软性回报吸引社会参与力量的长期合作，必须给予这些隐性付出应有的经济回报。因此，无论在责任规划师聘任制度还是各类项目的立项申请中，均应充分考虑这部分重要成本，作为街区可持续发展的保障。

（3）提前谋划专业人员的退出机制

开展参与式规划的目标一方面是实现街区更新，另一方面则是建立街区自治。因此，专业人员在前期的深度参与应重点关注挖掘本地资源、培育社区自治力量，从而形成一系列有能力的社区社会组织，能够在某种程度上承担街区更新项目的持续复制与孵化创新。目前，无论史家胡同风貌保护协会还是史家胡同博物馆均已开始尝试聘用本地社工和居民作为长期工作人员，而责任规划师则将逐步从实际工作的承担者转向专家指导角色。然而这一培育和身份转移过程将会持续相当长时间，而悉心引导和陪伴也将是责任规划师的工作职责之一。

参考文献

[1] 冯斐菲，廖正昕，赵幸，等 . 生根发芽——北京历史街区规划公众参与及社区营造实践探索 [R]. 北京：北京市城市规划设计研究院，2016.

[2] 廖正昕，赵幸，高超，等 . 东四南历史文化街区保护规划 [R]. 北京：北京市城市规划设计研究院，2012.

[3] 喻涛 . 北京旧城历史文化街区可持续复兴的"公共参与"对策研究 [D]. 北京：清华大学，2013.

[4] 陈朝晖，叶楠 . 公众参与规划平台上的社区自治—— 一次公众参与活动的真实记录与思考 [J]. 北京规划建设，2013（11）：99–106.

[5] 赵幸 . 找回院子里的生活——院落公共空间改善参与式设计实践初探 [J]. 城市建筑，2017（15）：52–55.

[6] 赵幸 . 北京国际设计周助力公众参与城市规划——规划师的实践探索 [J]. 装饰，2016（9）：30–35.

北京方家胡同整治提升
——以设计影响固有观念，以行动激发改变勇气

刘　巍　曹宇钧

1 方家胡同概况

1.1 小胡同蕴含大历史

方家胡同始建于元朝，明朝属崇教坊，称方家胡同，清朝属镶黄旗，"文化大革命"中一度改称红日北路七条，后恢复原名[①]。方家胡同呈东西走向，全长 676m，均宽 5.74m，周围有国子监、孔庙、五道营和国子监街，它所在的区域是北京 25 片历史文化街区之一，也是《北京城市总体规划（2016—2035 年）》确定的 13 片文化精华区之一（图 1）。

方家胡同历史悠久，历史上曾存在国子监南学、宝泉局北作厂、白衣庵、公主府、循郡王府、神机营所属内火器营马队厂等遗迹（图 2）。现存较为知名的共有三处：一是方家胡同 13 号、15 号，原为循郡王府（乾隆皇帝三子永璋的府第），是现存较少的贝勒府形制的府第，现为方家胡同小学，北京市重点保护文物；二是方家胡同 41 号，原为白衣庵，始建于清朝，1949 年后因庙产收归国有，现为居民住宅；三是方家胡同 46 号，清朝为宝泉局北作厂（造币厂），民国时期为美资海京铁工厂，后为北平第一机床厂（北平机器总厂），1958 年厂房搬迁新址成为办公区，2008 年被北京现代舞团租用，2009 年 8 月正式成为文创园区，也正是它给方家胡同带来了"胡同 798"的美誉（图 3）。此外，胡同南侧的北京市第二十一中学是

作者简介：刘　巍，北京清华同衡规划设计研究院有限公司城市更新设计研究所所长，高级工程师；
　　　　　　曹宇钧，北京清华同衡规划设计研究院有限公司副总规划师，详细规划研究中心副主任，国家注册规划师，教授级高级工程师。

① 仲建惟.北京市东城区地名志[M].北京：北京出版社，1992.

图 1　方家胡同区位示意

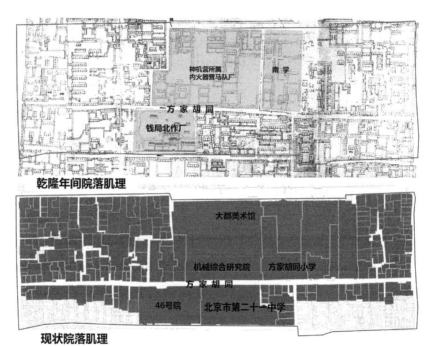

图 2　方家胡同现状院落与历史院落肌理关系示意

图 3　方家胡同 46 号院入口

同治四年（1865 年）由美国基督教长老会传教士丁韪良在东总布胡同创立的有着 152 年历史的教会学校。

1.2 普通胡同典型问题

与北京老城大量的胡同类似，方家胡同有着人口密度高、老龄化严重、基础设施差、物业管理不到位等典型问题。

（1）居民构成

方家胡同内共有 74 个院（20 个公房院、31 个私房院、11 个公私混合院、1 个公房单位房混合院、3 个单位自管房院、3 个军产院、5 个大型单位院落）。户籍数为 490 户，户籍人口 1322 人。截至 2017 年底，胡同内共居住 281 户 709 人（图 4）。其中，常住民 207 户 555 人，租户 74 户 154 人。60 岁及以上老人 170 人，80 岁及以上老人 40 人，29 位残疾人（包括肢体残疾、精神残疾、语言残疾等）。60 岁及以上老人与残疾人等弱势群体占总人口的 28%，外来人口占总人口的 22%，胡同人口呈现明显的老龄化和外来化。

（2）房屋建筑

方家胡同内建筑密集，用地产权边界犬牙交错，既有单一产权的单位自管房院落、直管公房院落和私房院落，也有公私混合院落和多家产权的混合院落。方家胡同内公房、私房几乎各占一半，由于私房常年缺乏控制手段，资料不齐难以统计。根据现场走访情况看，质量最差和最好的都是私房。

（3）基础设施

基础设施包括市政设施和公共服务设施两大类。市政设施中自来水、供电问题基本解决，有线电视、电话等弱电项目经过多年改造升级能够满足需求，但各种线路铺

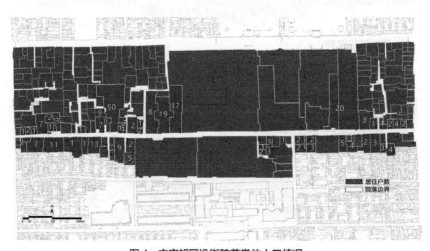

图 4　方家胡同沿街院落常住人口情况

设施工中往往缺乏统筹设计和相互协调，导致线路和各种控制箱体杂乱无章、难以清理。雨污合流是方家胡同的最大问题，由于院内自建下水道不尽合理，并且无法全部正确接入市政主管，很多地方存在污水直排至路面或雨水井的情况；雨水系统也不完善，整条胡同只有 3 处雨水井。

公共服务设施包含卫生设施、便民设施、停车设施等。其中，胡同内共有公共厕所 5 处，其中一处为二级公厕，另外 4 处是达标公厕，存在建筑设计与胡同风貌不协调、公厕卫生处理不到位等问题。便民设施包括菜站、老年活动服务点等，根据不同时期的街景照片对比可以看出，2013 年前后存在的一些菜站、小餐馆、理发店等被逐渐改造成咖啡厅、酒吧等。胡同内的停车缺口在 50 辆左右，但目前停车管理和停车设施尚处于真空状态。

（4）产业业态

根据 2017 年的统计，沿街有 48 家商户和 1 家文创园。48 家商户包括餐饮 14 家、休闲娱乐 9 家、创意零售 10 家、食品百货 5 家、生活服务 4 家、信息咨询 1 家、文创办公 5 家；1 家文创园即方家胡同 46 号，园区内约有 84 家企业，科技类企业办公 10 家，教育企业 7 家，影视公司 1 家，零售 3 家，酒吧 3 家，咖啡馆 3 家，餐饮 2 家，旅馆住宿 1 家，其余为设计、传媒、建筑公司。随着 2017 年北京市开展"开墙打洞"专项整治行动，除方家胡同 46 号院以外，沿街商铺基本都处于停业状态。

1.3 现象背后复杂问题

方家胡同既有典型性，又有独特性。方家胡同所在的雍和宫—国子监历史文化街区是北京老城 13 片历史文化精华区之一，又有近年形成的以方家胡同 46 号为代表的创意文化产业聚集区。对于这样一个多元文化交融的街区，数据和现象背后暴露出的是老城保护与发展中的结构性问题，主要体现在以下方面。

（1）人口密度大，人居环境质量较差

通过对方家胡同现状调研，院落内私搭乱建严重，人口无序聚集，杂物乱堆乱放，胡同内雨污混流，市政等基础服务设施缺乏，居住环境较差（图5）。北京老城院落的建筑格局为满足一个家庭或家族的生活所需，因此空间布局合理而且与人的行为模式相符。而目前院落人员组成从由血缘关系构成的家庭或家族变为了原住民和租户共同居住，为了能够满足更多的居住需求，院落的空间被最大限度地利用，违法建设导致院落格局被彻底破坏。胡同、院落空间的限制性，凸显了市政基础的薄弱和配套设施的不足。随着人口的迅速增长，市政基础设施压力不断增大，原有的配套设施已经无法满足居民的生活品质需求，用电、用水、排污等各类设施不断增容、扩充，但是受

图5　整治提升前方家胡同街景

制于胡同空间，依然难以全面满足居民不断增长的生活需求。特别是胡同停车问题，已发展为困扰胡同管理的最大难题。

（2）胡同老龄化问题严重，也呈现明显的外来化

原住居民是历史街区的活态遗产，是体现街区活力的关键要素。目前，胡同里存在大量拥挤、破败的大杂院，其居住环境质量低下，有经济能力的原住民普遍选择主动搬迁，留下来的往往是没有改善能力的老人及弱势人群。这些居住条件不高的房屋，或者以低廉的租金大量出租给对价格敏感的外来务工人员，或者因为具有沿街界面出租给商家从事经营活动。而这些出租或转租行为一方面加剧了人口的老龄化和外来化，引发了一定的商居矛盾，同时对历史街区的风貌也间接造成了严重影响。

（3）产权边界模糊且复杂

私搭乱建和违章建设侵蚀着北京胡同，同时也导致产权边界的模糊和复杂。方家胡同内单位密集，用地产权边界犬牙交错，单位大院用地内有公有产权，私家院内夹杂公有产权，复杂的产权现状使得难以在有限的时间和经济成本下改善人居环境。

（4）历史遗迹挖掘不足，活化利用不够

方家胡同文物保护单位的保护做得很好，但是对历史遗迹的挖掘和保护还不够，白衣庵已经被粉刷在灰泥下，宝泉局北作厂这些历史遗迹已经消失，故事也将被遗忘。如何传承和保护，以及活化利用这些遗迹，也是历史街区保护规划和管控的要求。

（5）风貌改造不考究，个性丧失

方家胡同内一些重要的建筑，如北京市第二十一中学、建筑机械研究院、46号院工业遗迹等都是需要重点展示的风貌节点。以北京市第二十一中学为例，其建校历史距今已有152年，如今部分校舍风貌不甚考究，悠久的历史难以为人所知（图6、图7）。

图6 整治前北京市第二十一中学校舍　　　　图7 北京市第二十一中学校门
　　　（位于方家胡同内）

城市的个性一旦丧失，即便街区恢复传统风貌，也会没有灵魂。

（6）文化创意产业面临可持续发展的困境

46号院是一个依托工业遗产改造形成的文化创意产业园，但近几年也出现被商业化业态挤压的趋势，一个原因是文化消费时代的需求，另一个是胡同文化价值逐渐被挖掘。租金的上涨势必挤压掉一部分文化创意产业，胡同里的文化创意产业面临着可持续发展的困境。

（7）整治管理滞后性

私搭乱建、占道经营、违法经营等违法行为严重破坏了胡同的生活环境及文化生态环境，开展疏解整治等行动后如何建立长效的管理机制从而避免再违建是一个重要课题。在历史街区保护规划及管控的大原则下，需要政府建立提前防止私搭乱建以及加强后续管理的管理机制。

（8）社会结构复杂化，出现阶层隔离

胡同里原本的人际关系是建立在亲缘、地缘、业缘共同作用的基础上的，家庭关系和邻里关系是主要的人际关系。然而随着胡同逐渐商业化、多元文化介入和空间的变迁，原来紧密的家庭关系和邻里关系被逐渐淡化。例如，胡同中私搭乱建、搬迁租用使得胡同里除了原住民外，有了更多的商户和外来租客等，社会结构更加复杂。同时，由于胡同空间文化价值大，也吸引了不少外来消费群体，他们与原住民的消费层级和生活方式都有很大差异，造成阶层的隔离，使得不同人群之间的融合和理解更为困难。

2　面对老城复杂问题系统性解决的路径与思考

北京作为历史文化名城，其老城的保护与发展长期以来都是人们关注的话题。老城在近几十年的建设过程中所出现的问题都不是由单一原因引发，而是多个因素相互影响所产生的，需要从功能定位、历史沿革、区域交通及停车设施、区域市政设施和公共服务设施、风貌保护、房屋改造技术、规划管控体系、共享政策、人口疏解方案、公房管理政策等内容入手进行多维度的研究和思考。

2.1 生活配套服务功能的补充完善

城市的主角是人，当前我国城镇化进入以提质增效为主的内涵式发展阶段，城市需要从增长的逻辑回归以人的需求为核心的本源，以城市建设的质量与人的需求的匹配程度为标准，全面提升现有建成区的城市品质，通过完善与人口结构相适应的服务体系，创造更为和谐的宜居环境，以此奠定老城复兴的根本与基础。从方家胡同的居民数量和居住面积可以看出这里的居住密度相当高，短时期内无法疏解的情况下，如何能够让老百姓生活更方便、配套更齐全是胡同人居环境品质提升的重中之重。

2.2 胡同文创产业园区的自我升级

老城作为城市建成区，需要不断优化人口结构—产业结构—存量空间资源之间的协调关系，以保持城市的健康活力。通过文物的腾退和存量空间资源的挖掘与提升，优化落实国际交往功能的空间载体；通过文化创新激活城市发展潜力，激发新的空间使用方式；建设具有首都特色的文化创意产业体系，融合历史文脉与时尚创意，打造北京设计、北京创造品牌，使北京成为具有活力和创新能力的时尚创意之都。

方家胡同 46 号院以其工业遗产的价值和文创园区的特色，顺应了北京发展创意产业的契机，成为胡同文创产业的代表。未来需要进一步加强产业定位、入园管理的精细化管控，在产业选择上，鼓励发展与方家胡同文化主题相关联的文化创意、文化展示功能。明确业态发展的负面清单，守住历史文化街区保护与合理发展的底线，如禁止引入对居住环境影响较大、噪声较大的休闲娱乐场所、易产生较大环境污染的餐饮业态；严格限制引入易产生较大人流的业态，如餐饮、较大的演艺场所等；限制与文化展示无关的业态进入等。明确政府、市场在不同类型的产业选择中起到的作用，并通过租金、税收、管理、补助等多种方法，实现产业业态的综合提升，形成植根于胡同并与之有机联动的共享文创模式。

2.3 老城特色环境风貌的整体塑造

《北京城市总体规划（2016—2035 年）》提出，北京是见证历史沧桑变迁的千年古都，也是不断展现国家发展新面貌的现代化城市，更是东西方文明相遇和交融的国际化大都市。北京的特色既体现在深厚的历史文脉和丰富的文化内涵（精神的内隐）里，同时也体现在城市空间格局与风貌的整体性（形式的外显）之中。与此同时，作为人民的城市，北京更应该为市民提供丰富宜人、充满活力的城市公共空间。作为历史文化名城，北京需要的是在保护中发展、在发展中保护，让历史文化名城保护的成果惠及更多民众。

方家胡同的历史文化悠久，风貌具有多元性，不仅有明清历史建筑，也有近现代历史建筑（如 46 号院、机械研究院、北京市第二十一中学）。方家胡同的环境风貌整体塑造应以展现北京特有的"胡同—四合院"空间特色为目标，以院落为单位对现状老城空间进行梳理，遴选形制典型完善的院落予以重点关注，通过修缮、改善、整饬等手段对"胡同—四合院"整体风貌进行提升。风貌提升应注重历史的可读性，避免成为简单的立面整修，造成胡同街巷千篇一律、完全换容的效果。同时，对于像方家胡同这样的多个历史时期建筑、多元风貌并存的胡同街巷，一方面应注重各历史时期自身的特点，不必强求统一风格，或者自创一些杂糅的不伦不类的风格；另一方面，应从材料、色彩、体量等方面加强不同历史时期建筑之间的协调，实现和而不同。

2.4 共建共治共享机制的逐步建立

在以家庭宗族为基础的社会关系和单位制逐渐解体之后，北京老城的社会单元演变成为城市社区。在背街小巷治理过程中，很多问题，如因邻里矛盾而产生的开墙打洞、因商居矛盾而产生的公共资源争夺（如停车、公共空间使用等），除了需要考虑住户外，还需要考虑工作者、商户、社会、企业等更多元的利益群体的共建共享共治[①]。

在方家胡同，共建共治共享包含了两个层面：第一是居民共治，要形成一套反映居民共识的共治方案，针对胡同内与居民生活相关的诸多问题，要能够形成小事居民商议解决、大事街道和居民共同解决的议事模式；第二是居民和胡同内的单位共治，单位和居民做到和谐共生、共同治理。

从老城问题的复杂性来看，其综合整治提升需要长期过程、多方协同、机制创新和持续投入。在民生、活力和特色这个相互关联的模型中，人口、服务、产业、空间、文化、风貌成为彼此独立又相互依赖的影响因素，单一要素的不健全不仅会影响自身

---

① 熊光清，熊健坤.多中心协同治理模式：一种具备操作性的治理方案[J].中国人民大学学报，2018，32（3）：145–152.

的完善也会制约其他要素的发展与健全。面对复杂问题，需要综合手段，寻找系统性的解决路径①。

3 从公共空间环境整治入手推动老城复兴

3.1 面向城市复兴的目标，环境整治仅仅是第一步

老城以开放街区为主，不论是胡同，还是楼房社区周边的小街小巷，都与居民的日常生活联系紧密。从社会学的角度来看，背街小巷是北京老城公共空间中分布最广、面积最大、公众基础最广泛的公共空间。这里聚集了最广泛的公共利益，是公共投入、公共享受、公共监督的物质空间载体，也是公共空间公共性营造和发展的起始点②。以背街小巷空间治理为抓手，将引导最为广泛的公众参与。

在不大拆大建的情况下，通过整建维修的方式逐步小规模渐进式地从物质空间改造入手，提升环境质量品质和基础设施承载力，是有利于历史文化名城保护的一种更新路径③。

这类工作往往包含立面整饬修缮、架空线路整理、微空间改造提升、违规开墙打洞治理等。由于这些往往集中在背街小巷这一公共空间，并不涉及院内，对居民的生活品质改善有限，居民往往是被动参与，热情度不高。在实施过程中，由于一些房屋自身质量较差，仅仅通过外观的装饰修缮无法达到整体风貌提升的效果，甚至会出现墙体开裂、达到危房级别的情况，这也反映了风貌问题与建筑质量的本质关系。

此外，当前对房屋的外立面装饰、装修、改造缺少明确的流程，很多房主或租户自主改变建筑外观并未经任何部门、机构审批或审查，加之民众和社会对古都风貌缺少具有共识的价值认知，造成胡同里的建筑改建参差不齐，甚至导致部分历史文化街区的景观风貌遭受影响和破坏。

除建筑立面外，背街小巷里的管线（如强电弱电线路）、设备（如变电箱、空调外机、太阳能热水器）等对胡同的环境风貌影响也不容忽视。这些线路、设备的多少与人口密度呈正比，人口密度高的地方其规范管理和整治难度即会增加。而整治提升过后，往往由于并无长效的管理机制，很快又会出现电线乱穿、空调随意安装的现象。

胡同风貌的不协调，并非是简单的建筑外立面改造那么简单，每一处风貌上的问题都折射出其内在矛盾，而内部矛盾的化解绝非一朝一夕。因此，环境整治必须结合功能完善优化、交通疏导、基础设施提升等专项行动对老城进行全面提升，其最终目

---

① 刘巍，王菲.以社会治理体系的创新助推北京老城背街小巷治理[J].北京规划建设，2018（5）：11–18.
② 朱天禹.北京旧城公共空间的公共性[D].北京：清华大学，2013.
③ 边兰春，石炀.社会——空间视角下北京历史街区整体保护思考[J].上海城市规划，2017（6）：1–7.

近期：硬件改善——浅层次，封堵后建筑处理、规范停车、
胡同微空间提升、设施完善
管理搭建——物业管理、街巷长制度搭建

中期：硬件改善——深层次，功能置换、设施完善
管理创新——风貌、业态规范管理

图 8　方家胡同整
体提升分步策略

远期：机制创新——长效根本，人口规模调控
社区自治——机构介入、社区营造

标应实现老城的全面复兴。整治的目的，不是暂时性地改变风貌、遮盖缺陷，而是让
胡同开始恢复本应该有的面貌，让胡同的老百姓重新体会到胡同生活的美好之处，提
升老百姓的幸福感和归属感，把胡同真正当成自己的家去维系和保护，能够让居民自
管有一个好的开端和稳定的基础，才能让胡同越来越好。

由此我们认为，面向城市复兴的目标，环境整治仅仅是第一步，是硬件的改善和
软件、管理完善相结合的起步工作，其目的并不是一步到位，而是打好基础和建立共
识与希望。整治首先应解决当前街巷、院落中的私搭乱盖、乱堆杂物、私占公共空间
等问题，为未来的整体工作提供良好基础，对空间的完善应结合人口规模的调控、基
础设施的完善等循序渐进，不必追求一步到位，更不可过度设计（图 8）。

3.2　方家胡同公共空间整治的思路与方法

（1）以城市规划为依据的定位研究

定位研究是环境整治的基本依据和前提，需要以《北京城市总体规划（2016—
2035 年）》及历史文化名城保护相关专项规划为基本依据，从街区入手开展区域功能
定位研究。对于不同功能的街巷，在保持"胡同—四合院"空间特色的基础上，应本
着实事求是的基本原则，确定不同的整治提升思路与对策。

例如，以居住为主的胡同街巷应从居住功能本身的需求出发，强化居住环境的舒
适性、安全性、便利性和私密性。

以商业为主的胡同街巷应结合商业业态的优化调整，明确商业氛围的营造意向、
把握公共空间的开放性，同时应重点规范广告牌匾，避免造成浮夸喧嚣的商业氛围。

此外，对于居住、产业、公共服务混合的胡同街巷，在有限的空间资源中应兼顾
考虑不同功能对空间特质的基本需求，减少各类功能的相互干扰。

方家胡同的历史文化、建筑风貌、功能是多元化的，在尊重历史发展和文化传承
的基础上，方家胡同是对文化传承与复兴的创新探索，其定位在风貌上，是多元文化
融合的风貌协调示范展示区；在产业发展上，依托 46 号院，提高文化与其他产业的
关联度，发展"文化 +"创意产业聚集，借助"文化 +"的融合与转型创新形成创意

平台；在功能上，是多功能混合、合和共生的半开放街区。

在上述定位思考的基础上，我们对方家胡同的设计和处理始终贯彻了多元并存、和而不同的基本价值观。

（2）以历史脉络为前提挖掘文化价值

环境整治提升应以胡同街巷的历史脉络为前提，对各级各类文物、挂牌院落、历史建筑、名人故居、知名场所等进行全面梳理，深入挖掘历史资源，提炼文化价值。价值挖掘的过程中，应秉持发展的眼光和辩证的历史观，珍视古都北京自元、明、清至今几百近千年发展的轨迹和脉络，对各历史时期、不同等级、规模的历史遗存、时代印记均应同等对待，特别是对近现代历史遗存的价值应强化认知，避免厚古薄今。

在历史挖掘过程中，白衣庵是方家胡同的重点，在得知出生于方家胡同的李明德老先生也一直关注白衣庵，我们与他取得了联系，多次与其沟通了解白衣庵的来龙去脉。通过多方案比选，最终确定局部剃凿恢复历史遗存的整治方案，并邀请北京砖雕张第六代传承人——砖雕大师张彦亲自主持白衣庵的修复工作，使白衣庵能够真实展示其历史痕迹，延续方家胡同的历史记忆（图9~图12）。

在方家胡同环境整治工程中，我们做的更多的是对非文物、非登记、非挂牌院落及建筑的深入挖掘与历史记忆展示，像这样的案例还有几例，如因其门楣精美砖雕、墀头木雕而作为建筑史上活教材的29号院，清道光、咸丰两朝尚书和瑛宅的25、23、27号院等。

方家胡同的历史文化是多元性的，风貌是多元性的，不仅有明清历史建筑，也有近现代历史建筑，46号院、机械研究院以及北京市第二十一中学都属于近现代建筑风格。这些近现代历史对方家胡同来说是极其重要的，尤其46号院，其前身即清朝的宝泉局北作厂，从民国开始就已经是胡同工厂的一部分，1949年后曾是北平第一机床

图9　2011年环境整治中发现的白衣庵石券窗
（图片来源：安定门街道）

图10　项目组访谈李明德老人了解白衣庵身世

图11　文物保护专家局部剔凿判断石券窗位置　　　图12　李明志老人手绘白衣庵图像

厂，在北京工业史上具有极其重要的地位，2008年北京现代舞团进驻，46号院开启了其文创之路，即胡同798的代表。所以面对近现代的历史文化不可随意忽略和抛弃，这样才能形成方家胡同完整的时间年轮。

（3）以综合整治为抓手梳理工作任务

方家胡同环境整治的价值导向是以实现老城复兴的手段和途径为标尺，以精心保护历史遗存、全面展现老城文化价值、优化老城居住环境、完善老城各类功能、塑造老城的整体风貌、提升老城的魅力与活力为基本任务，以对古都历史文化的珍视与尊重、对老城居住、生活群体的人文关怀和对城市发展客观规律的清醒认知为基本原则，开展各项工作。

针对胡同的整治从风貌形象、功能服务、交通组织、景观环境和基础设施5个方面进行全面分析，并结合现状情况开展问题研究，并形成各专项整治的基本思路和方向（图13）。从胡同街巷的情况来看，上述5类问题往往相互交叉、彼此影响，因此在全面问题梳理的基础上应结合市区专项改造的进度及近期可实现的整治工作安排下一步的工作计划，同时在近期工作的安排中应统筹考虑未来实施的整治改造工作，避免重复建设、反复施工。

老城整体复兴很重要的支点在于民生的改善，因此将这一问题作为此次整治的重点内容之一。在改造工程中，梳理和整治了16个公房院落的下水道，解决院内、院外的常年积水问题。胡同内29、31、33、35、37号院的小胡同内下水道年久失修，塌方多年，通过这次胡同综合整治，下水设施得以修缮，居民特别感激，还送了感谢锦旗（图14）。

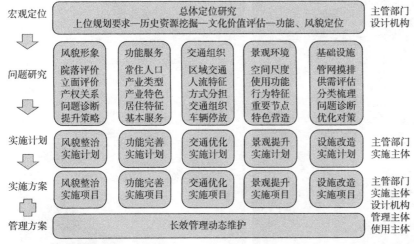

图13 方家胡同整治提升工作思路

图14 方家胡同整治提升过程中修缮下水设施

除此以外,结合此次整治在51号院设立了一处养老驿站,32号院改造成便民菜站,胡同内设立了多处公共活动空间等,方便居民生活(图15、图16)。

(4)以风貌提升为重点明确整治方案

在各类专项整治工作中,风貌提升是近期工作的重点。北京的老城历经了元、明、清、民国至今多个时期,其建筑风貌特色和文化价值并不具体体现在某一历史时期,而是反映了数百近千年的传承与积淀。方家胡同中的历史建筑的年代、价值各不相同,有的是明清时期的传统建筑,有的是民国时期的文教场所,有的是1949年后的工业遗存,这条胡同的风貌不能拘泥于某一个历史时期,它的价值恰恰体现在它反映了古

图 15　整治提升前的方家胡同（左）整治提升后的养老驿站（中、右）

图 16　整治提升前的方家胡同（左）整治提升后的便民菜站（中、右）

都北京几百近千年的一种动态的发展过程。

在现场施工过程中，我们在灰泥下剃凿出很多有年纪的老砖、老石头，有些砖雕非常精美。在时间紧任务重的情况下，批量生产式的粉刷使大量历史痕迹被灰泥掩埋，逐渐被人们遗忘，最典型的就是方家胡同里的清代尼姑庵——白衣庵。不放过每一寸历史的痕迹，让胡同具有历史的可读性，这是我们在方家胡同的工作中一直坚持的最基本的原则。在设计过程中，我们并未一味追求焕然一新或者图省事一律贴砖处理，而是坚持尊重历史，恢复历史的基本原则。例如，方家胡同内的安内大街 206 号院的墙面是将原有抹灰层剔除，露出原有青砖墙，风貌上与胡同整体风貌协调，同时，很具有历史感，这是方家胡同的历史印记。这也是我们改造过程中一直思考的一个重要问题，方家胡同有历史，有遗迹，要保护，要恢复传统风貌，但要恢复到哪朝哪代？而我们要做的是保留方家胡同近千年的历史变迁的印记，世世代代传承和保护的是方家胡同近千年的历史脉络，让方家胡同的历史一直延续下去，让方家胡同的故事一直讲下去（图 17）。

（5）以协作协商为手段推进实施工作

协作协商是胡同街巷的整治提升能否顺利实施的关键。一方面胡同街巷的整治提升涉及内容庞杂，相关部门和实施主体繁多，各类工作必须依赖有序组织协调才能避免反复施工、浪费资源。

另一方面，胡同街巷的风貌提升和环境完善与老百姓日常生活息息相关，主观设计需要充分尊重居民、使用者的使用习惯，并注意吸取以往的经验教训，与老百姓的

图17　方家胡同整治提升前后对比

使用反馈相结合、广泛参与相结合。

除此以外，还有更重要的因素是目前老城的产权类型多样。在风貌提升的过程中，"难啃的骨头"往往是自身质量不佳的建筑，单独依靠装饰性手段往往无法实现风貌的实质性提升。必须加强对各类产权主体的动员工作，通过局部构件的更换，甚至整体结构的加固才能实现预期的效果。

例如，方家胡同59、61号院和63号院，原来经营的酒吧门前的场地被占道经营，不仅占据了公共空间，而且夜间扰民，滋生社会问题。现在经过业态的疏解，杂物清理，将这一片公共空间还给了居民。在空间设计过程中，设计师经过讨论、筛选多种设计方案，通过沙龙、座谈等形式与居民沟通，充分尊重居民的意见，形成对使用者来说真正实用和利用率极高的景观场地（图18）。同样49号院与43号院之间的公共空间，改造前便是老年居民聚集的场所，经常坐在这里晒太阳，这次也是顺应民意，尊重使用者的习惯，清理了杂物，收拾干净整洁，增设花池，为居民设置了休闲坐凳，结合东侧的白衣庵，作为胡同西段的居民活动空间。

（6）以制度建设为依托强化长效管理

环境整治在物质空间优化完善的同时，需要同步配合管理措施和制度建设形成长效管理机制。例如，通过居民公约形成居民对公共空间使用的共识；通过停车管理措施，明确有序停车的基本规则，杜绝乱停乱放的行为；通过街巷长制度，逐步形成居民自治自管的制度基础；通过风貌设计管控导则规范胡同风貌管控的要求和基本规则。在方家胡同的环境整治过程中，我们与街道相关部门配合，尝试以方家胡同风貌管控导

图18　方家胡同59、61号院和63号院门前小广场整治提升前后对比

则、胡同设计导则、胡同施工管理导则、小微工地管理办法、停车管理办法等文件作为管理依据，规范居民行为，并作为其他相关主体在胡同内建设的控制依据，并通过加强对平房物业管理企业服务情况的监管和考核，继续强化居民自治，巩固整治成果，实现长效管理。显然，管理措施的出台和相关制度的建设需要循序渐进，这方面的工作需要长时间的持续深化与创新。

4　思考与总结：以设计影响固有观念，以行动激发改变勇气

4.1　修胡同还是修人心

　　胡同自古至今一直承载着市民物质生活、商业与社会文化的多重功能，是与老百姓生活联系最为紧密的日常空间。从文化的视角来看，"胡同文化"被看成是北京文化的象征。芝加哥学派的代表人物罗伯特·E·帕克认为社区（Community）是以区域组织起来的人口，需要通过共同的文化形成相互依赖的共同体[①]。因此，背街小巷作为老城最基本的社会单元的展示空间，可以成为了解老城生活变迁、观察老城社会发展动势的重要窗口。

---

① 　Park R.. Human Ecology[J]. American Journal of Sociology, 1936, 42（1）: 1–15.

作为深入社区的公共空间，背街小巷的形成和不断演进在一定程度上反映了城市制度形成的差异、城市生活的变迁，是城市更新中不同因素影响下的塑造过程。背街小巷的治理看似是家长里短、百姓社区的问题，实则是社会发展和社会关系在物质空间层面的映射，事关城市社会发展的结构性问题[①]。

我们之所以要进行老城更新，是因为老城人口密度太高、人居质量不佳、活力逐渐减退，在这个过程中，需要把握好方向，既不能让它绅士化，也不能放任其变成贫民窟。不管是环境整治还是城市更新，"人"是最重要的因素。所有的空间品质提升都是围绕着使用这个空间的人来展开的，而脱离了使用者习惯、意愿和参与的改造提升也都是无法长久的。

当环境整治最初开展时，居民默认乱糟糟的胡同就是生活该有的样子，街道也觉得这不过是又一次刷刷墙、换换设施的整治任务（而大众也对此不以为然）。但随着工作的推进，当环境渐渐改善后，最令人欣慰的是人们的观念所发生的改变：居民开始在意公共环境，对渐渐变好的胡同有了认同感、自豪感；而街道也不再仅仅作为管理者与任务执行者，开始从更多方向出发，思考如何让居民的生活更好，如何让胡同的独特文化得以传承和发扬。

要想将胡同这个空间场所的精神凝聚起来，首先就需要将其间的人联系起来，把很多个"我"变成"我们"。作为一个以设计、创意为特色的文化创意园，46号院已经开园近10年。然而多年来，绝大多数胡同居民并不知道自己和那么多大牌设计师是邻居，46号院里的设计师也并没有多少机会发挥自己的长项，在胡同环境提升这件事上"露一手"。大家都认为自己是这条胡同的主人，都在享受和消费胡同给个人带来的感受，却并没有为这个空间做些什么。胡同居民需要一些新鲜的东西给他们平凡的生活带来更多的获得感和自豪感，而46号院内的设计师也有意愿通过院落内外的环境设计参与到胡同整治工作中来，这些都需要规划师、社区工作者的努力、组织和引导，未来可做的事情还非常多。

4.2 作为设计师我们能做的很少又很多

胡同街巷的整治提升与老百姓日常生活息息相关，主观设计需要充分尊重居民、使用者的使用习惯，并注意吸取以往的经验教训，与老百姓的使用反馈相结合、广泛参与相结合。在设计与实施过程中，我们通过"胡同沙龙""入户访谈""现场沟通"等方式，尽可能地与有需求的老人与残疾人进行沟通，充分尊重使用者合理诉求。如

---

① 边兰春.统一与多元——北京城市更新中的公共空间演进[J].世界建筑，2016（4）：14-17.

针对有需求的院落统一增设坡道、安装扶手。同时，在实施过程中了解到 67 号院居民因病落下后遗症造成行动不便，在院内也增加了扶手，61 号院根据各户居民需求前后 6 次调整坡道方案最终得到认可。

在全程跟进施工过程中，听取政府、街道、居民的声音，同时也站在各方立场看问题，能尽力解决的问题一定及时响应，同时还要坚守职业规划师的底线，这是不容易的。相比于规划的技术难度，规划人在工作中全身心地投入更为重要，胡同中老的东西怎样体现它的历史价值、新的东西怎样能够和它无缝融合，需要动脑筋思考。治理工作是一种体现社会转型的动态演变过程，每个发展阶段都有不同的重点，问题的解决可以列出诸多方案，但结合实际具体落地时往往不会那么顺利，但坚持这么做，我们认为是非常有必要的。

现在我们正在不断地把在这个方家修胡同的点滴写出来，因为我们修胡同的过程还没有结束，今年还继续修，有可能明年还得修，我们把这些故事整理出来，我们把它写成了所有人能看懂的东西（图 19）。面对老城如此深厚而庞杂的城市更新问题，设计师能做的事情很有限，但是透过设计发声，影响政府与公民的观念，无疑是一个良性循环的开端，也是表象之下更令人在意的改变。

图 19　系列文章曾师傅修行日记

北京大栅栏微杂院／微胡同改造
——胡同微空间改造与社区关系重构^①

李岱璇　王天夫

由标准营造工作室设计改造的"微杂院"与"微胡同"，是在大栅栏更新计划下，建筑师主动介入、自主运营的共生式社区空间微更新项目。本文尝试基于社会学田野工作者的微观社区视角，在老城有机更新的整体背景之下，借助田野笔记与二手资料，梳理案例背景与实践内容，为读者呈现胡同空间微改造为社区居民生活和社区关系带来的具体改变，并概括案例对社区更新的启示。

1 案例背景

"微杂院"和"微胡同"是由著名建筑师张轲带领标准营造工作室（ZAO/standardarchi tecture）设计改造的两个胡同院落，分别位于北京市西城区大栅栏街区茶儿胡同 8 号院和杨梅竹斜街 53 号。作为微空间改造在社区有机更新与社区融合共生方面的前沿实践，该案例为宏观、微观社会背景下的社区治理实践提供了宝贵经验。

1.1 宏观背景：社区更新与社区建设的新要求

（1）北京市老城改造：从大拆大建到社区微更新

20 世纪 80 年代，北京老城住房日益紧张，危旧房改造成为城市建设重要任务，

作者简介：李岱璇，清华大学社科学院社会学系硕士研究生
　　　　　　王天夫，清华大学社科学院副院长、社会学系教授。
① 本文系黄廷芳基金会"中新创新城市社会治理研究"项目与2017年度北京市社会建设决策咨询研究项目"北京市城市老旧小区社会融合研究"阶段性成果。

并于 1990 年得到全面推进[①]：从分散的点、片改造发展为连点成片、连街成片的大规模改造，由城市中心区外围推进至中心区腹地[②]。北京内城大拆大建改造模式之下，不少胡同街区被成片推倒，楼房居住区、写字楼和商业大厦代之而起。老城平房社区的社会网络与文化脉络连同胡同肌理遭到严重破坏。

自 20 世纪 90 年代中期，以吴良镛先生为代表的一批学者提出以有机更新取代大拆大建，通过有机更新实现有机秩序，以符合北京老城的空间肌理、历史风貌和文化脉络[③]，该主张日益在北京老城改造中受到重视。成片危旧房改造项目逐渐被小规模、微循环、多样化、渐进式改造方式所取代，以促进老城有机更新。"北京历史文化保护区"的概念自 1993 年开始明确，北京市先后三次编订保护规划，至 2005 年划定老城 33 片历史文化保护区。什刹海、烟袋斜街、菊儿胡同等小规模改造与有机更新实践逐渐涌现。这一阶段的改造主要由政府与市场主导，小资本进入老城区使其出现局部商业化，而对社会与文化欠缺考虑[④]。

有学者认为，北京老城改造在上述模式之外，2010 年后出现了第三阶段：空间改造基础上，落实居民的社会生态及经济社会利益，实现传统文化再生产[⑤]。东四南历史文化街区保护更新公众参与项目、大栅栏更新计划、白塔寺再生计划等街区更新项目，均为注重社会文化再生产的微改造实践，通过引入广泛的社会资源，加强在地居民的社区参与，实现社区多元共生下的社会文化有机更新。

综上所述，北京老城改造总体呈现以下变迁特征：从大拆大建城市改造到小规模渐进式社区更新，从经济、政治主导目标到经济、政治、社会、文化的综合目标，从政府、市场主导到政府、市场、社会多元参与。

（2）当前社区更新背景下的老城平房区社区建设

在渐进式社区更新的新阶段，社区建设的目标与方式自然成为重要议题。

平房社区是由四合院、胡同和街巷等空间要素构成的传统社区形态，具有产权形态混杂、贫富共存、商居混用的特点[⑥]。北京老城平房区内大多混住着具有北京户籍的本地居民，以及在社区及周边务工的外来常住人口，社区人群多元，利益关系错综复杂。当前，越来越多城市新中产业态入驻老城平房社区，进一步增强了社区的异质性与复杂性。多元混杂的社区人员构成意味着经济层次、生活习惯、文化水平、价值观念的

① 刘欣葵.北京城市更新的思想发展与实践特征[J].城市发展研究，2012（10）：135-138，142.

② 孟延春.西方绅士化与北京旧城改造[J].北京联合大学学报，2000（1）：24-28.

③ 吴良镛.旧城整治的"有机更新"[J].北京规划建设，1995（3）：16-19.

④ 李阿琳，包路芳.北京市老旧平房街区改造与更新的调查研究——以大栅栏街道为例[A]//李伟东.北京社会发展报告（2014~2015）.北京：社会科学文献出版社，2015.

⑤ 同上.

⑥ 郭于华，沈原.居住的政治——B市业主维权与社区建设的实证研究[J].开放时代，2012（2）：83-101.

高度复合与分化。由此，维护社区稳定和谐，促进社区繁荣发展，加强基层社会治理，处理好社区不同人群、不同文化的关系更为重要。

政策背景方面，《北京城市总体规划（2016—2035年）》明确了与老城平房区有关的诸多要求："有序疏解非首都功能"，"推动传统平房区保护更新"；"实施胡同微空间改善计划，提供更多可休憩、可交往、有文化内涵的公共空间，恢复具有老北京味的街巷胡同，发展街巷文化"；"畅通公众参与城市治理的渠道，培育社会组织，加强社会工作者队伍建设，调动企业履行社会责任积极性，形成多元共治、良性互动的治理格局"。

以上现实背景和政策要求为老城平房社区的社区建设提出新问题：①以何种态度与方式思考回应平房社区保护和更新的问题？②如何创建可休憩、可交往、有文化内涵的公共空间，从而促进社区和谐？③如何在这一过程中推进社区治理的多元共治善治？

在城市有机改造与社区微更新的背景下，"微杂院"和"微胡同"的实践为我们思考这些问题提供了有益借鉴。

1.2 微观背景：大栅栏街区的更新模式与社会生态

（1）区域更新策略：大栅栏更新计划

"微杂院"和"微胡同"所在的大栅栏街区是北京老城中保留最完好、规模最大的历史文化街区之一，历史上有着浓厚的市井文化与商业文化，呈现丰富的社区商业活动与邻里生活。1949年后，北京城市建设大力发展工业生产，不少工人进京，大栅栏街区出现一批街道工厂与工人宿舍，部分取代了原有繁荣的市井商业空间，空间功能和社会人口结构异质性增强。改革开放以来，随着人口流动限制的放宽，外来人口进京务工，在上一阶段积淀的空间条件下，大栅栏以其低廉的房租和旅游商业区位吸引了不少外来人口租住于此，基础商业、旅游业和外来人口租住成为新的空间使用方式，社会空间异质性进一步增强。在此背景下，人口混杂密集，住房条件落后，本地居民与外来人口关系不和谐等成为大栅栏街区面临的主要问题。

为实现大栅栏历史文化街区的保护和更新，大栅栏更新计划（案例详细内容请参见本书第1篇）于2011年启动。该计划得到了北京市文化历史保护区政策的指导和西城区政府的支持，由北京大栅栏投资有限责任公司担任区域保护与复兴的实施主体，创新实践政府主导、市场化运作的基于微循环改造的旧城有机更新计划。作为大栅栏更新计划的试点项目，杨梅竹斜街保护修缮试点项目范围涵盖了杨梅竹斜街和茶儿胡同。

大栅栏更新计划成立大栅栏跨界中心，作为汇集连接多元主体共同参与的网络平台。该计划并未沿袭传统上"单一主体实施全部区域改造"的做法，而是转向"在地居民商家合作共建、社会资源共同参与"的协作式改造。自2013年起，广安控股大栅栏跨界中心推出长期项目"大栅栏领航员计划"，通过社会征集汇聚多元力量，通过区域改造解决公众难题，推进社区共建。在这样的区域更新背景下，张轲领导的标准营造工作室作为第一批参与该计划的领航员进行了两处院落改造。

（2）社区社会生态：多元人群有限共生

本文着重探讨院落改造与社区社会关系重构的互动，其背后潜藏的是空间形态、空间功能与社会互动、社会关系之间的相互影响。空间与社会的交织互构，在前文介绍的街区历史脉络中便有重要线索。对于理解与改善街区当前的社区关系，这一视角仍不无裨益。在此择取案例背景的主要方面进行简要介绍：大栅栏街区社会关系现状及其空间维度的影响因素。

其社会生态特征可概括为：本地居民、外来常住人口和新业态社群共存，人群间区隔较为普遍，局部有限融合。居于此的本地居民平均年龄较大，平均收入较低，彼间仍保留较浓厚的人情社会特征。但随着本地居民为寻求便利住房条件而不断迁出，外来人口不断流入，其社区感日益衰弱。外来常住人口租住于此，在附近忙于买卖或务工，为社区居民提供生活服务类商业，为游客提供旅游服务。随着大栅栏更新计划的业态引入，追求文化艺术品质的新中产商家入驻，提供文艺消费品与精品餐饮服务。三类人群中，外来人口与本地居民的关系问题是社区和谐的核心议题。

三类人群在社会经济地位、职业类型、生活文化方面的巨大差异无疑是构成上述社区关系的重要因素，但胡同区的空间特征也不容忽视。空间形态方面，胡同区房屋、院落、街巷间的物理距离小，作为私密空间的房屋拥挤狭小，而以胡同街巷为主的公共空间或人来车往，或局促有限。空间功能方面，商居功能的空间分布混合杂糅，且旅游商业与本地居民生活关系不大。上述空间特征对社区关系有双重影响。一方面，居民喜在附近公共空间休憩活动，狭小的公共空间间接增加了被动与主动的社会活动；本地商业与居住的空间混合提供了功能性社会交往的机会。另一方面，邻里矛盾往往也与此有关。调研发现，社区冲突的导火索主要包括对公共空间的占用或争夺，公共卫生、秩序的破坏和商居空间使用的彼此影响。在多元人群条件下，居住密度高，物理距离近，空间使用杂，管理难，维护难，环境差，更容易诱发社区矛盾，强化社区区隔。上述背景构成大栅栏地区院落改造所面对的社区困境。

2 实践内容

2.1 空间改造："共生式更新"的理念表达

张轲很早便对老城保护更新有了自己的思考，主张"新陈代谢"式的微更新[①]。在践行有机更新的大栅栏跨界中心的邀请下，张轲带领的标准营造工作室团队在大栅栏进行了两处院落改造实践：位于杨梅竹斜街 53 号的"微胡同"项目和位于茶儿胡同 8 号的"微杂院"项目。基于前期研究，工作室团队在胡同微更新理念下，对两个院落空间进行了不同的设计改造，回应不同的具体问题。

"微胡同"（图 1）项目作为居住功能建筑，是在 35m² 面积内开展的胡同极小尺度居住实验[②]。其所在的杨梅竹斜街 53 号院，在改造以前同许多其他胡同杂院一样，居住人口多、密度高，住房条件差，并且已经没有了庭院。占地 600 多 m² 的两个杂院分属于 20 多户人家，工作室团队将两个杂院分成若干条形院，在其中一个院子里，在保留院落边界的前提下，将老房子改造成如今的"微胡同"[③]。"微胡同"的沿街立面主要采用木材与金属材料，与胡同相融而不突兀。推门而入，有 1 个临街空间、1 个庭院和 5 个高低错落的小房间，设计现代，与胡同传统风格相映成趣。临街空间将胡同与院落相连接，5 个小房间面向庭院，内置有卫生间、淋浴和厨房。

"微杂院"（图 2）则保留了大杂院的形态。历史上，其所在的茶儿胡同 8 号院原是寺庙，后来成为居民住所。而在近几十年间，由于居住空间有限，不少住户在院内

图 1 "微胡同"的小房间
（图片来源：李岱璇）

图 2 "微杂院"
（图片来源：标准营造工作室）

---

① 贾冬婷. 胡同里的微型城市化 [EB/OL]. 2018-06-01. http://www.standardarchitecture.cn/v2news/7977.
② 张轲，张益凡. 标准营造近期时间作品 [EB/OL].2018-06-01. http://www.standardarchitecture.cn/v2news/8154.
③ 贾冬婷. 胡同里的微型城市化 [EB/OL]. 2018-06-01. http://www.standardarchitecture.cn/v2news/7977.

加建了厨房和储物间。院落中央有一棵老国槐，枝繁叶茂，夏末秋初院里满是落下的槐花，在如今房屋紧密的胡同里实属罕见。张轲在一篇专访中提到，他也是因为这棵古树而选择了8号院进行改造，"我进去的时候，一多半的人都搬走了，院子里污水横流。但是那棵老槐树太漂亮了，我觉得简直就是中国传统家庭的一个象征。"① 院落改造的手法是保留包括加建在内的原有建筑，在此基础上进行修复和改建。而建筑外观，也因张轲对材料的谨慎选择，在视觉效果上与杂院本身十分融合。工作室团队通过前期调研发现，院落邻近炭儿胡同小学，附近儿童很多，院落于是被定位为服务儿童的公共建筑空间。改造后，院落内仍有王大爷和乔大哥两位/两户居民；其余腾退离开的居民的房屋，分别被改造为艺术教室、舞蹈教室、儿童图书馆和展厅等。

2016年，"微杂院"改造项目荣获世界最具影响力的建筑奖项之一"阿卡汗建筑奖"。评审团对该项目的部分评语如下。

> 通过建造新结构和加入新的公共功能，"微杂院"将老年原住民的日常生活与新的儿童图书室及艺术中心的使用很好地交合在了一起。项目在现存的建筑和景观基底上以谦逊的态度和十分缜密的思维加入新的建筑结构。对建筑材料十分有节制的选择（如砖、木头、玻璃）和加入的新结构使得整个院落环境变得更加紧密和聚合。这一胡同改造项目提供了老建筑合理再利用的一个例子——其秉承的策略可以为个体和群体构建可持续的互惠关系，并成为一种全新的微型城市化的基本理念。②

"微型城市化""公共空间""交合""互惠"可谓"微胡同"与"微杂院"的共同核心特征，也可理解为空间想要传达给用者与观者的理念。

这背后映射出对以往一些改造工程的反思:大尺度改造的问题，政府、市场主导下"拆一建三"和"媚俗改造"的改造方式对胡同肌理与老城社会生态的破坏，以及老城居民迁出后原有社会文化传统结构的加速瓦解。两个项目都彰显了以"共生式更新"③为核心理念的微更新手法：并非粗暴地以新代旧，而是新陈代谢式地在保留与延续"旧"的基础上引入"新"，实现新旧多元共存。在笔者看来，与两个项目相关的"新旧"体现在建筑形式、功能、人群、文化等诸多方面。将原有院落结构作为"微胡同"改造边界与基础，在"微

---

① 贾冬婷. 胡同里的微型城市化 [EB/OL]. 2018–06–01. http：//www.standardarchitecture.cn/v2news/7977.
② ZAO/standardarchitecture. Zhang Ke wins Aga Khan award for architecture [EB/OL]. http：//www. standardarchitecture.cn/v2news/7790. 2018–06–01.
③ 张轲，张益凡. 共生与更新标准营造"微杂院"[J]. 时代建筑，2016（4）：80–87.

杂院”中保留下来的自建、加建，两个空间在视觉风格上的在地传统元素，仍居于“微杂院”的本地居民，后文将呈现的本地居民与两个空间发生的关系与互动，以及原有人群所延续下来的生活文化特征，都是两个项目中对传统、历史的保留、尊重与接纳。“微胡同”新增的小房间，两个院落内部建筑风格的现代元素，空间对胡同内外不同人群的开放与吸引，以及随之而来的新活动与新文化，则体现出探索性微更新。新与旧在院落中相遇、交叠。

两个项目也各自想要回应不同的现实问题。“微胡同”希望提供一种在胡同内居住的可能性。胡同内的住房条件不理想，空间小、没有独立卫浴、采光通风差是最主要的问题。面对这样的条件，本地居民大多离开胡同，想要进入胡同的新人群也常望而却步。留住原有居民，传统在地文化才可能得到延续；吸引新的人群，老胡同才有可能焕发新活力。“微胡同”的 5 个小房间可能仅供两个家庭居住，但是却以其布局和功能置入提供了针对缺少卫浴、厨房和采光通风差等问题的一种解决办法。“微杂院”则是一个服务社区的共生空间，145m^2 的院落为胡同增加了难得的公共空间，而其主要服务对象是社区儿童。胡同里的儿童大部分是随父母进城的流动儿童。如何让他们享有空间开展活动，并接触到更好的教育资源？微杂院空间以其功能定位和实践活动对此进行了回应。此外，“微杂院”也在胡同新老人群如何共生方面提供了案例尝试。

社区居民与改造目标紧密相关，大多对两个院子感到好奇。虽并非人人有机会了解或理解院子所表达的理念，但也有一些居民部分地接受并思考院子所传达的信息。家住“微胡同”隔壁的本地居民张大爷，每天傍晚会坐在“微胡同”对面的椅子上，开着收音机听歌或同三五街坊聊天。张大爷对笔者说，他对“微胡同”可是很了解的，为一探究竟，专门找来《世界建筑》杂志，研读里面的相关文章。承担“微胡同”保洁工作的本地居民吴阿姨说：“我知道的就是在有限的空间里，搞出个多元化的空间。我只能明白到这份儿上了。不过这个创意是挺好的。”有的居民知道“微胡同”是一种居住的样板房；还有的居民，在笔者介绍作为居住实验的“微胡同”以后，表现出更强烈的好奇心。虽然目前了解设计理念的居民数量有限，但至少这种改造给老胡同带来新的居住可能。

2.2 空间使用：基于社区服务的多重功能

笔者认为，“微胡同”与“微杂院”最难得之处在于将空间使用开放给社区居民和其他市民，多元的人、事、物与院落发生勾连；同时，坚持将主要功能定位于服务社区儿童。

2.2.1 常态使用：社区儿童活动场所

空间的常规使用，体现在社区公益儿童图书馆及艺术中心项目的常规化、持续化运行。该项目由标准营造工作室团队运营，项目负责人是二十多岁的杨佳霖，小朋友们和胡同街坊们都叫她"小羊"/"小杨"。该项目在空间选择上以"微杂院"为主。常规化项目内容包括：一是作为向社区儿童免费开放的图书馆和艺术空间，承载小朋友的课余活动；二是定期举办艺术活动。

（1）儿童日常生活空间

笔者第一次进入"微杂院"是在 2017 年 1 月，以下摘自田野笔记。

今天上午第一次进入"微杂院"，是陪同一位来大栅栏参观的日本教授慕名而来的。推门而入，有三五个小朋友在院里追跑玩耍。看到我们，便先后跑来，其中两个小男孩争先恐后地嚷着"我来带你们参观""我来我来"。小朋友们导引着告诉我们，这是图书馆，这是舞蹈室，那是小厨房。天很阴冷，最活跃的小男孩跑到我跟前说，"我请你们喝水"，然后跑进小厨房，掏出纸杯，拿电热水壶从小厨房里的水池接上半壶水，烧起来。等水开时，小朋友带我们认识了院里居民王大爷，七十多岁，衣衫褴褛。我向王大爷说明来意，他一听说是教授来参观，滔滔不绝讲了起来，非要我翻译：杂院的历史，毛泽东的诗词，胡同新人与院里老槐树合拍婚纱照。

（李岱璇，田野笔记 170107）

自 2014 年投入使用以来，这逐渐成为"微杂院"的日常。"微杂院"的改造空间每周有 5 天免费开放。这 5 天里的课余时间，院落里总有附近儿童的身影，他们或者在院里台阶上下玩耍（图 3），或者在安静地读书（图 4）。老居民王大爷已经七十多岁，整日都待在院里；居民乔大哥则会在下班后回到院里。现阶段，"微胡同"一般不对

图 3 "微杂院"日常——树下　　　　图 4 "微杂院"日常——图书馆
（图片来源：栗志栋）　　　　　　　　（图片来源：栗志栋）

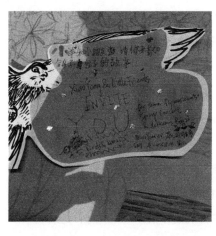

图5 小朋友和小杨一起为5月13日活动绘制的邀请函
（图片来源：杨佳霖）

外开放，但在"微杂院"空间使用受限时，偶尔会作为活动空间，举办面向社区儿童的活动。活动前后，小朋友们也会在"微胡同"开放的时候进入错落有致的小房子里聊天玩耍。平时，小杨工作清闲时，也会与小朋友一起逛胡同，路过好玩的地方一起看一看，遇上邻居聊几句。

（2）儿童艺术活动中心

田野观察期间，每到周末院落里都会有一次社区儿童艺术活动。在定期开放的5天里，"微杂院"是小杨的主要办公场所。3年的实践中，经过与居民的不断协商，为了不影响居民休息，她将活动时间定在每周六或周日的下午2点到4点。活动地点主要为"微杂院"，但也会偶尔根据情况选择使用"微胡同"。所有面向社区儿童的活动均不收费，活动设计与组织往往由小杨和各地艺术家合作完成。后者范围很广，有公益组织或艺术组织成员、各国独立青年艺术家，也有被称为"在地艺术家"的本地居民。活动资源汇集方式，有小杨的私人关系，也有社会项目合作申请，还有许多是在广安控股大栅栏跨界中心等合作组织的引荐下与"微杂院"建立的联系。

活动丰富，内容多元。以2018年4月和5月为例，活动可谓是古今中外元素汇集。4月5日清明节假日期间，隔壁胡同的生活室咖啡即将停业，小杨和小朋友们带着之前活动中制作的艺术装置一起去向邻居道别。4月21日，丹麦艺术家Maj Horn和中国艺术家刘张铂泷与"微杂院"合作，开展在地儿童眼中的大栅栏探索并进行名为《大栅栏》的影片拍摄。虽然下着雨，但当天仍有几位小朋友热情地带着艺术家及其他国际友人走街串巷。由前期拍摄素材制作成的纪录片在位于白塔寺宫门口四条的"I: project space"展出。当天，近10位小朋友及其家长，同小杨和"微杂院"大朋友一起乘坐地铁前去观赏展览和影片。5月6日，"微杂院"邀请到大栅栏养鸽邻居和鸽哨收藏家介绍老北京养鸽传统。5月13日，艺术家Paul Gründorfer带领"微杂院"的大小伙伴尝试把鸽哨戴在鸽群上，观看倾听空中乐队表演（图5）。5月27日，为了在6

图6　5月27日的绘画活动现场
（图片来源：李岱璇）

图7　2016年6月份在
"微杂院"举办的"食物剧场"
（图片来源：广安控股大栅栏跨界中心）

月2日由澳大利亚实验音乐人Macro主持的"Marco & Micro小朋友实验音乐之夜"展出由小朋友参与设计的气膜，小杨和街头艺术家Shuo一起引导小朋友在"微胡同"进行绘画创作（图6）。

2.2.2　临时活动：开放多元的活动场所

胡同内公共空间有限，两院落空间使用也不限于社区儿童常态活动。广安控股大栅栏跨界中心作为合作运营方也会与标准营造工作室团队协商，将合适的临时活动或展览引入两个空间。

近两年，大栅栏跨界中心引入的活动主要集中于国庆节前后的北京国际设计周和五六月份的大栅栏生活节。其间，除了标准营造社区儿童图书馆及艺术中心项目引入的活动，两个空间通常也都会举办由跨界中心引入的展览或活动。后者主要由大栅栏跨界中心负责，牵头引进不同资源，以两个空间为活动场地；标准营造工作室团队予以适当支持。此外，在大栅栏跨界中心牵头组织下，茶儿胡同8号院还举办了作为大栅栏跨界中心与清华大学美术学院合作课程成果延伸的型染工作坊，由无界景观团队与社区绿植达人一同进行的胡同花草堂种植栽培经验分享，由大栅栏跨界中心与西城历史文化名城保护促进中心、名城委合作举办的《北京四合院与老舍》《胡同童谣》《繁繁简简说汉字》等儿童文化讲座。

设计周、生活节等重大活动之外的时段，两个空间也有多元用途，例如为大栅栏新业态商家社群生活提供空间。入驻商家彼此形成了有机互助的共同体关系，构成了大栅栏新社群。新社群以"微杂院"与"微胡同"作为活动场地，举办过若干活动："微杂院"里由新社群成员之一"米念"艺术设计工作室举办的"食物剧场"（图7），"微胡同"里的电影放映会、社群大聚会以及杨梅竹社群分享会等。

3 实践效果：社区共生的触媒

大栅栏在有机更新之下，社区异质性增强，日益成为开放多元的街区。在此背景下，两个院落空间依托上述空间使用方式，成为激发社区共生的触媒。在笔者看来，这种对社区关系的促进作用是点状的连接与改变。虽然整体而言，范围和程度较为有限，但意义深远，代表了社区社会关系变化方向和方式的一种可能。

3.1 空间构筑社区关系

3.1.1 基于儿童活动的社区关系建构

如前所述，社区儿童往往是大栅栏街区社区融合与人群沟通的媒介和桥梁，而空间也是社会关系建构的重要媒介。以笔者参与观察的一次社区宴会为例，这种以社区儿童为核心的开放式活动，能够很好地说明空间在人群关系方面的触媒效应。该活动于 2018 年 3 月底在"微胡同"举办，要求所有参与者需携带一种食物参加（图 8）。以下内容摘自观察者的田野笔记。

> 晚上六点半，人开始陆续到达"微胡同"。当然，之前就有很多人在这里做筹备：小杨、许多外国朋友（都见过，他们常来，是"微胡同"和"微杂院"的老朋友和好帮手）、负责"微胡同"日常看护与保洁的对门居民（北京本地人）吴阿姨、一些小朋友的家长。
>
> 七点半，晚餐开始。小朋友有 20 个左右，基本每位小朋友的妈妈也在。
>
> ……
>
> 同我身旁的几位家长边吃边聊，她们分别住在大栅栏培智胡同、茶儿胡同和三井胡同，听口音都不是北京本地人；还有一位住在陶然亭某高端社区，北京人，是张轲爱人的朋友，这里的周末活动她和孩子也常常会过来。她们彼此也在聊天，递给对方食物，推荐哪种更好吃，无比和谐。虽然聊天内容主要限于牛油果怎么做或者奶酪为什么这么臭，但是这种不同阶层、地域、职业人群的融合，实在是令人感动。毕竟，不同人群（基于地域、文化、阶层等）对彼此

**图 8　2018 年 3 月份在
"微胡同"举办的社区宴会**
（图片来源：杨佳霖）

的排斥、不尊重和不理解，乃至恶意歧视，我在大栅栏也听过看过太多次了。

一位家住附近胡同的阿姨跟我说，一开始，她女儿不愿意来，抗拒，因为从小认生。但现在每周都要来参加活动，特别喜欢小杨老师（我：是啊，怎么会有小朋友不喜欢小杨呢），她觉得这些活动真的对女儿性格有所改变，特别有帮助。

气氛很欢乐，很多小朋友和家长还热情地邀请一头雾水的过路游客一起用餐。

……

晚些时候，吴阿姨开始一趟一趟进来给大家送烤串，她家叔叔现烤的。几位家长很自觉地帮着收签子，我让她们坐下好好聊，把签子接过来，出门送还给吴阿姨。

院外胡同没有路灯，但是吴阿姨一家围坐在搬出来的小桌旁，翻烤着串儿。

小火苗照着一旁玩耍的小朋友，很柔和。

（李岱璇，田野笔记 180331）

不同人群的到来和不同关系的展开并非刻意而为，而是源自空间场所的自然吸引，以及由此实现的后续生长。以社区儿童活动为媒介的社会互动与社会关系重构主要体现在以下方面。

（1）社区儿童之间

大栅栏儿童多半为流动儿童，正如不少胡同居民所述，"北京孩子和外地孩子在一起玩，没多大差别"。在此互动规律之下，两个院落空间进一步扩大了小朋友的朋友圈子，也促进了儿童之间的融合：很多小朋友在"微杂院"、"微杂院"里，结交了可以共同学习玩耍的新伙伴。笔者观察到，活动氛围非常和谐，既充满活力又十分友善，小杨也常常会通过诸如"小朋友们看看身边的小朋友们需不需要帮助"等言语提醒及相应的行动示范，引导小朋友们互相关心帮助。

（2）儿童与社区之间

小杨和小朋友们的日常走街串巷与周末艺术活动，常常会为小朋友们提供更多认识邻里的机会。例如，请木工手艺精湛的胡同匠人为小朋友做一个小木笛，在茶儿胡同新店家入驻后一起去串门参观等。在小杨的陪伴下，小朋友也逐渐习得一些与邻里相处的社会规范。

此外，小朋友们也日渐建立起社区主人翁意识。如前文所述，在"微杂院"活动的小朋友常常会主动向参观者介绍院落情况，自觉维护院落卫生，主动邀请游客参与活动，在活动前后自觉帮助小杨摆放物品、清理垃圾；再如，社区儿童音乐节艺术装置、前文提到《大栅栏》短片等由社区儿童参与创作的大栅栏艺术作品，进一步加深了小朋友的社区认同感与归属感。

（3）儿童家长之间

参与活动的儿童多居住在大栅栏，本地居民与外来人口子女兼有。同时，也有部分参与活动的儿童、家长来自其他住区：大部分家长在朋友推荐下了解到"微杂院"项目，部分家长游玩路过时带孩子加入活动，并成为常客。

同一空间中陪伴子女参加活动的家长，并不像市场化儿童教育机构中那样具有相似的社会背景。相反，他们呈现出多元的社会结构：有外来人口，也有北京居民；有本社区居民，也有其他街区居民；有的在附近胡同的菜市场、小超市、洗衣店、小餐馆做买卖，有的是单位管理技术人员，还有的在做创业项目。不同家长在院落空间里有了交流机会，并且能观察到彼此的教育方法。虽然多数家长之间的交流并不深入，但不同人群能放下警惕地在同一空间中共处，这本身就是现代城市生活中一件十分难得的事情。

3.1.2 开放多元场所中的社区关系建构

此外，作为一个开放多元的场所，两个院落空间在日场运营和临时活动中，也会构建或强化某些社会关系。以下主要从两类人群出发，探讨空间对其社会关系的构筑。

（1）社区本地居民

与空间紧密联系的本地居民主要有两类：院内住户和院落管护人员。

首先是"微杂院"住户王大爷和乔大哥。考察王大爷和院落的关系，可以发现，改造后的院落对王大爷的生活带来正负双重影响。

负面影响是对王大爷生活的打扰。院落作为公共空间，不仅有儿童活动，举办各类活动，而且常常迎来各界人士的参观。受此影响的王大爷有愤怒与不满，也曾因此在情绪不稳定时与小杨发生冲突。为与居民建设好院落关系，标准营造工作室团队对王大爷的生活比较关心，为其提供衣食住行上的帮助；小杨也在院落使用中，特别注意对居民的尊重。对此，海大爷认为："总体来说，还是挺好的。你这一周办上一两次活动，街坊也没什么意见。老王他平时也都没啥事，挺正常的……就是都得换位思考。"

正面影响，简单来说是为王大爷创造了更多社交机会。从几位大栅栏老街坊口中笔者得知，王大爷一直是单身，"年轻的时候他爸妈一直照顾他"，"他比较难融入进社会"。而笔者在与王大爷的几次接触中发现，王大爷其实有着很强的表达欲，常常会主动与进入"微杂院"的人交谈，谈他心中的历史、文学和建筑。不少参观者和艺术家也都听过王大爷的介绍与分享。不止一位青年艺术家在参观后向笔者表示，王大爷的物品摆放具有很强的艺术性，他们也因而充满好奇地与其展开相关探讨。

其次是负责"微杂院"和"微胡同"院落看护与卫生的海大爷和吴阿姨。二人均已退休，考虑到离家近，工作量也不算大，于是分别在清真寺的推荐和标准营造工作室团队的邀请下，于自家附近的"微杂院"和"微胡同"承担相关工作。标准营造工作室团队每月为二人发放一定数量的工资，数额不高，算是象征性地肯定其工作。二人并不是特别在乎钱的多少，在乎的是通过工作获得的自我价值认同感。吴阿姨告诉笔者："我觉得我现在虽然五十几了，人家说，你应该玩儿了，我不那么想。我说我得干到60岁。干到60岁，说明我能动，到60岁的时候，我可能要说我再干几年，可能我就觉着我身体好，我还是能动。"因为工作的原因，加上他们的热心，两位居民借由两个院落空间，与许多社区内外的不同人群建立了关系。对此，吴阿姨说，她还挺喜欢和一些年轻人在一起，觉得自己也年轻。

（2）大栅栏新社群

新社群具有较高的艺术品位和意义追求，相似的人群特征使得他们能够实现整合。在"微胡同"与"微杂院"举办的社群活动更加强了他们的内部认同感，并且为其杨梅竹生活赋予了哲学意涵。嘉文是举办"食物剧场"的"米念"设计工作室的主理人之一。在"微胡同"举办的杨梅竹新社群分享会上，他提到了此前在"微胡同"中举办"食物剧场"的经历。

> 我觉得这是我非常希望未来整个杨梅竹社区里越来越多呈现的一种状态，这种状态因每个人身份不同，所以彼此之间有很多的切换或交换，在这种转换里，人变得更轻松，目标不一定会变得更宏大，也许更微弱，或者是更减弱的一个状态。
>
> ……
>
> 我们当时进入微胡同的时候，实际上微胡同也在做第二次的改造。有的时候微胡同也是完整了又变化了、又完整了又变化了的状态，很像一个人的状态。所以我觉得很多空间的状态跟人的状态是一样的，钢筋这些部分不一定代表不精致，有可能是很有意思的部分。这个场景里面，我会觉得食物的介入，或者说我们的介入会给它设定了很独特的角度，或者很独特的一个瞬间[1]。

---

[1] 嘉文. 活动回顾杨梅竹社群分享会（三）米粒大小的念想[EB/OL]. http: //mp.weixin.qq.com/s?__biz=MzA5ODQ3MzMwOQ==&mid=2649763757&idx=1&sn=ca1ad4a43447b88525a4e8ee7af06bfe#rd. 2017-03-26.

简言之,"微胡同"空间像新社群一样,处于一种个体与空间/整体若即若离、共生与更新相伴而生的状态。它不仅为人提供了聚集与活动的场所,更为新人群提供了有思考的社群体验。

3.2 社区关系网促动空间发展

正如嘉文所说,人的介入也会带给空间以改变。空间与人的关系并非是前者单向影响后者,与空间相关联的社会系统也为两个空间带来生命力。

> 今天下午,小杨和街头艺术家 Shuo 在"微胡同"里带着小朋友们画画。西边的杨梅竹斜街 60 号迎来了新的主人,世界儿童绘本阅读促进会的关姐和同事这几日正忙着布置空间,将其打造为一个世界儿童绘本艺术空间。关姐带着上小学的女儿路过微胡同,吴阿姨同时也在帮 60 号做室内卫生,她将关姐引荐给小杨。走到门口,最懂事的那个小姑娘穿着一身舞蹈服,跑过来,拉着关姐的女儿特别热情地说,"今天这里有活动,一起来参加吧"。得到关姐同意后,俩姑娘就一起跑去找画纸了。[…] 我们去 60 号的时候,吴阿姨特别嘱咐小姑娘:"小妹妹的安全可由你来负责哟。一会活动结束要把她送到那边 60 号那个红门儿的房子。"小姑娘特别认真地使劲点了点头。[…] 活动结束后,下午给我拥抱的蓝裙子小姑娘又跑了回来,身边带着一个比她还小的女生。我之前在吴阿姨家门口见过她,她也住杨梅竹,吴阿姨后来跟我说她不是北京本地人。蓝裙子小姑娘一本正经地跟小杨介绍她,问小杨"能不能让她也来参加我们以后的活动"。小杨很甜地说,可以呀。小女孩又很认真地补了几句自我介绍,俩女孩心满意足地拉着手跑了出去。
>
> (李岱璇,田野笔记 180527)

在这样的开放胡同街区中,居民、儿童、在地工作者、外来艺术家,每个人都有自己的"圈子"或言"系" [①]。"微胡同"、"微杂院"院落空间中的每个"系",超越院落空间,也超越社区而存在。它们在有限的院落空间里交汇互动,然后扩展出具有无限可能的日新又新的"系",不断重新塑造着原有空间。不同的人带去不同的文化,赋予空间不同的意涵,空间可能又会由此衍生出不同的功能。在这个意义上,"微杂院"

---

① 项飚. 跨越边界的社区:北京"浙江村"的生活史[M]. 北京:生活·读书·新知三联书店,2000.

与"微胡同"如今的空间面貌（形态、功能、概念）不仅仅是工作室团队的独立作品，也是这个非实体社区长期以来的共同创作。

4 经验总结与问题反思

由建筑师参与介入的社区微更新项目，越来越多地出现在城市、农村各类社区。当前社会与政策背景下，老旧街区的共生与更新是不可回避的重要议题。作为共生式更新理念下的前沿项目，"微胡同"与"微杂院"的胡同空间微更新实践，为广大社区规划师、工作者、建筑师和研究者提供了宝贵案例。

4.1 经验总结

总体来说，案例回应了本文1.1中提出的3个问题。该案例准确把握了老城更新与老旧街区中的核心问题，以及空间改造激发社会互动和改变社会关系的作用，以共生和更新的理念与方法，创造出植根社区又多元开放的空间—社会关系，借助广泛的社会力量，以空间为触媒，以儿童活动为主要抓手，促进了开放多元社区的共生与更新。笔者将案例经验总结如下，分别对回答文首三个问题提供了借鉴。

第一，空间改造从老城保护与更新的现实问题出发。张轲在大栅栏的两处空间改造，是对老城改造客观问题和老城社区微观现实问题的回应。宏观问题的直接表现是大拆大建和资本入侵的老城改造模式。微观现实问题主要表现为胡同居住条件落后、公共空间缺失和流动儿童校外所受教育有限。其共同核心理念是共生与更新，这是对胡同区保护与更新关系的基本理念和态度。该理念由空间格局、材料、功能等设计和后期运营内容传达。

第二，空间功能定位扎根社区，充分把握和利用社区自身特征。将核心功能定位于服务社区儿童，筛选多主体引入的各类活动与资源，保证空间服务社区儿童的根本目标与公益性质。笔者发现，社区儿童是多元开放式老旧街区社区融合的重要媒介。客观来说，工作室团队的两个项目很好地发挥了社区儿童连接社区的作用，通过微观关系的建立与改变促进社区多元共生。

第三，空间运营的社会多元参与。在保证核心功能的前提下，将院落空间活动内容开放给多元群体。如此扩展空间用途，丰富空间内涵，扩展社群连接的可能性。这与空间运营的社会多元参与密不可分。在大栅栏街道办事处的支持下，创办方标准营造团队和合作运营方广安控股大栅栏跨界中心一同，发挥各自的平台功能，引入广泛的社会资源，从而为该项目提供了丰富的活动。

第四，空间维护的社区参与。家住附近的本地居民负责院落空间的日常维护，同时提供了有助于空间发展的重要社区信息和意见建议；对院落形成归属感的社区儿童，以主人翁的姿态自觉加入到空间日常维护和活动筹备协助中来；院内居民有时会主动为参访者介绍改造实践与院落古今。开放式的社区多主体参与也使空间影响力不断扩大，基于院落空间的非实体社区日益扩展。在这一意义上，该案例也为社区多元共治提供了参考借鉴。

4.2 问题反思

不可避免地，该案例也有问题需要反思改进。

第一，院落活动影响居民生活。空间现存最主要的问题是，"微杂院"活动不可避免地会对院内居民生活造成困扰。院落内现有两户居民，同一居住功能与活动功能如何协调、公共空间如何和谐使用，是胡同杂院所面临的共性问题，也是"微杂院"当前亟须解决的核心问题。"微胡同"空间面积较小，紧邻其他院落民居，如活动时间过长，也可能对周围居民造成噪声污染。

第二，对社区的辐射范围和影响程度有限。院落空间，尤其是作为居住实验的"微胡同"开放时间有限，居民对此了解有限；虽然空间活动与运营参与者多元，但人数尚少。因此，对于社区面临的住房条件落后、社区区隔明显等主要问题，该案例固然做出了有益回应，但仍有局限。

第三，运营方与社区居民的有效沟通不足。在空间改造与使用中，不少邻近居民毫不知情；部分居民针对空间提出的建议，未能得到运营方的有效反馈。

第四，空间运营和功能的可持续性有待提升。在地运营者不在场或活动中断时，空间无法较好地发挥应有功能。如何建立可持续的运营模式和第三方退出机制，有待后续思考。

由衷感谢对本文提供支持的标准营造工作室杨佳霖女士、所有访谈对象及图片提供者。

学者参与

北京清河参与式社区规划
——空间与社会的互构

刘佳燕

1 背景

1.1 参与式社区规划的兴起

自 20 世纪上半叶，在社会改良思想的影响下，社区在越来越多的国家被视为缓解社会矛盾和促进社会发展的基本空间单元和行动载体。随着西方发达国家对大规模物质空间规划和城市更新的反思，人们意识到单纯依靠空间手段解决社会问题的局限性，社区规划日益成为一种整合社会、经济、环境和空间发展的综合方法，强调政府、市场、社会多元主体协同参与，通过系统性社区行动实现社区的全面发展和提升。越来越多的规划和研究开始强调动态的、过程性的视角，一方面是对行动过程的关注，重视社区规划的实践性和社区的主体性，包括社区发展中的资源调动与自组织能力，社区在应对自然灾害和社会混乱等挑战中的自适应能力与主体能动性，以及社区集体行动的形成，等等；另一方面是对社区规划的社会性建构的关注，包括社区规划与社区社会资本之间的互构关系，公众参与和协同规划过程对社区关系网络与社区共识的影响，等等 [1]-[4]。例如，在美国，人们通过网络平台整合资金筹措、社会网络、志愿者

作者简介：刘佳燕，清华大学建筑学院城市规划系副教授，博士。

① GREEN J.. Community Development and Social Development[J]. Research on Social Work Practice，2006，26（6）：605-608.

② CRAWFORD P.，KOTVAL Z.，RAUHE W.，et al. Social Capital Development in Participatory Community Planning and Design[J]. Town Planning Review，2008，79（5）：533-554.

③ INNES J. E.，BOOHER D. E.. Consensus Building and Complex Adaptive Systems[J]. Journal of the American Planning Association，1999，65（4）：412-423.

④ 刘佳燕，沈毓颖.面向关系重构的城市社区规划——三种建构[J].城市建筑，2018（9）：32-35.

等各项资源，为居民主导的社区规划提供协助①-③。中国台湾的社区营造正走向进一步扩大参与多元性及自主性的"社造3.0"，探索基于"生活场域"来创造共同学习的平台④。总体而言，社区规划的转型已成共识，从最初作为社区层面改良工具的蓝图式规划，走向强调行动过程的综合性发展规划。

进入21世纪以来，关于社区规划的研究和实践在国内蓬勃兴起，并取得相当丰富的成果，主要体现为"弥补长期以来社会发展和居住环境建设相对滞后的欠账"⑤。但与此同时也暴露出一些问题。一是大部分社区规划体现出研究/实践者学科背景或主管部门的专业视角局限，或聚焦于社会学和公共管理视角下的社会建设与治理架构，或聚焦于规划视角下的空间环境提升与资源优化布局，整合学科、跨学科视角和系统性仍显不足⑥。二是大多采取一种静态的、结构的视角，将社区作为政府管理与规划的微观单元，以需求和问题为导向，将社区规划视为微观层面干预手段的整合。三是还有不少的所谓社区规划中，对于"社区"或"社会性"的考虑仅仅局限于增加对社会人口因素的研究内容，或是设置问卷调研、座谈会、听证会等活动环节，而忽视了在当前社会转型的重大时代背景下，社区所发挥的重要的建构性和主体性作用，在"参与"这个核心议题上也缺乏理论、制度和可操作层面的深入思考⑦。

1.2 北京城市更新的转型

自20世纪后期以来，在快速城市化的推动下，我国各地城市先后展开了轰轰烈烈的城市更新运动，很多一直延续至今。以北京为例，从早期以危旧房改造为代表的住房改善，到后来以两次申办奥运会为契机推动的城市现代化改造，再到全球化竞争下以产业升级、功能优化和品质提升为指向的"空间的生产"。进入21世纪，以往大规模拆迁改造的模式已经难以为继，社区更新逐渐成为新时期城市更新的关键词⑧。

当代生活和生产方式的剧烈转型，为新时期的城市更新注入全新的发展理念和特

① ROBB K.. Loby[EB/OL].2017-3-30.https：//www.ioby.org.
② Edible Landscaping： Organic Gardening And Landscape Design[EB/OL]. 2017-3-30. http：//www.edible-landscape-design.com.
③ MACKEY M. K.. Unusual Edibles to Start in your Greenhouse Right Now[EB/OL].2017-3-30. https：//hartley-botanic.com/magazine/unusual-edibles-to-start-in-your-greenhouse-right-now/.
④ 王本壮，李永展，邱勇嘉，等.社区×营造：政策规划与理论实践[M].台北：唐山出版社，2016.
⑤ 刘佳燕，邓翔宇.基于社会—空间生产的社区规划——新清河实验探索[J].城市规划，2016，40（11）：9-14.
⑥ 李东泉.中国社区规划实践述评——以中国期刊网检索论文为研究对象[J].现代城市，2014（3）：10-13.
⑦ 刘佳燕，谈小燕，程情仪.转型背景下参与式社区规划的实践和思考——以北京市清河街道为例[J].上海城市规划，2017（2）：23-28.
⑧ 刘佳燕.城市更新、社会空间转型与社区发展：以北京旧城为案例[C]// 社区·空间·治理——2015年同济大学城市与社会国际论坛会议，2015.

质。从城市更新到社区更新，不仅仅是从宏观城市到微观社区的空间范畴和尺度的变化，更代表着城市规划建设范式的变革，以及城市发展向人本价值的回归，也是对以往大规模扩张式城市发展进程诱发生态、社会等系列问题的反思。转型具体体现在：①伴随以个性化和弹性生产为主要特征的后福特主义生产方式，以及信息革命的迅速兴起，城市建设发展的维度从传统主要关注二维土地的效益产出扩展到三维的空间效益，甚至进一步代入时间维度，场所感成为城市和区域间竞争的重要品质要素；②随着城市发展中各类资源的迅速累积，从传统强调规模效应和聚集效应的空间布局，更多转向充分发挥资源之间的整合和联动效益，并以此作为竞争力的来源；③随着市场和社会多方力量的加入，规划的核心职能从传统的"生产空间"，即看重规划设计的最终"蓝图"效果，及其对生产效率的助推作用，日益转向"空间的生产"，更加关注规划的过程，以及过程和结果中的社会公正等问题；④地方发展从聚焦招商引资等推动经济增长的手段，通过外部资源注入（资金、人力、物资等），从而置换原土地上相对不经济的主体及其活动，开始向注重本我的全面发展回归，社会资本、能力建设和可持续发展等成为新的关注点[①]。

2013 年在中央城市化工作会议上明确提出，"推进城市化，既要优化宏观布局，也要搞好城市微观空间治理"。《北京城市总体规划（2016—2035 年）》的出台，标志着北京城市建设进入"存量发展"为主的时代，通过城市更新、产业升级和资源优化配置等手段，达到"疏解整治促提升"的目标。由此，社区作为推进城市化的一个重要平台，不仅落脚于微观空间尺度，对于规划的精细化、个性化提出更高要求；而且需要采用治理的思路，整合联动"自下而上"与"自上而下"的各方力量。体现在社区更新中，整个过程不再局限于专业设计人员的绘图式设计，而转向参与式的社区规划。

1.3 项目背景

清河街道位于北京市海淀区，东、西侧分别紧邻京藏高速公路和京新高速公路，北五环从街道南部穿过，北接昌平区，占地面积约 9.6km^2，下辖 29 个社区，户籍人口约 9.3 万，常住人口约 13.9 万，属于典型的城郊型地带。

在清河地区曾经发生了中国社会学史上一场重要的社会实验，史称"清河实验"。1928 年，在老一代著名社会学家杨开道、许仕廉等的带领下，燕京大学师生在当时的清河镇围绕提升农业生产、改善医疗卫生和教育水平等方面展开一系列乡村建设实验，到 1937 年因战争缘故中止。

① 刘佳燕. 社区更新：沟通、共识到共同行动[J]. 建筑创作，2018（2）：32–35.

自 2014 年，在清华大学社会科学学院李强教授的带领下，来自社会学、城市规划、建筑学等专业师生组成跨学科团队，在清河地区开展基层社会治理创新实验，为以示区别，故又称为"新清河实验"。"新清河实验"扎根清河地区至今已持续开展 4 年，目标在于激发社区活力，促进公众参与，探索政府治理和社会自我调节、居民自治之间良性互动的方式。在实践过程中，强调参与式社区规划与社区协商治理、民生服务保障等工作协同推进，实现街区的全面提升。

2 问题界定与规划定位

2.1 问题界定

清河地区自 20 世纪 90 年代以来经历了快速城市化转型历程，拥有拆迁安置房、农转居、新型商品房、经济适用房、廉租房、单位大院、部队大院、城中村等各种类型的社区。可以说，中国城市化进程、城乡二元分化中的各类主要问题都可以在这里找到缩影，是非常好的社区研究和实验基地。

从社会空间特征而言，这里呈现出典型的社会空间分异乃至极化的现象。这里曾经诞生了北京毛纺厂、清河毛纺厂等中国最早的一批民族工业企业，经历了单位大院从繁荣鼎盛走向日趋杂化的过程，随着工厂外迁和产业升级，小米、北京清华同衡规划设计研究院等一批高新技术企业相继入驻，越来越多的创意研发青年群体在此居住和工作；这里有京北地区重要的农副产品批发集散地——小营批发市场，不远之处是总建筑面积 20 万 m² 的新型一站式购物中心——华润五彩城；这里还有数片城中村，紧邻的高端商品房小区每平方米售价已经超过 10 万元。

任何社区都是拥有独特基因的，所以社区规划工作的首要任务是找到最突出的问题，因地制宜寻求发展策略。基于对清河地区的系统调研，从社区规划的角度，界定清河当前最突出的是"半城市化"问题，也就是说，人的城市化滞后于空间的城市化。在短短不到 20 年时间，这里从一个城乡交界的典型集镇地区，迅速变身为现代化城区面貌，高速公路、新型购物中心、高端封闭小区、高层商务楼宇和高新产业园区接连拔地而起……但是相对于"高大上"的城市型空间景象，人的城市化转型相对较慢。体现在社区层面：①缺乏社会认同和归属感。居民对社区事务漠不关心，面对社区改造，直问"我们这里什么时候拆迁，拆了就可以拿钱到郊区买大别墅了"。②缺乏社会融合。在某些拆迁安置小区，居民入住已经十余年，但在小区内几乎不下楼，每天坐半个多小时的公交车回原住所活动。商品房、安置房、城中村等不同小区居民之间更是基本没有交往。③缺乏公共性。公共场所不时可见随处扔置的垃圾、动物粪便，大量老旧小区物业费收缴率不到 40%。

2.2　规划定位

基于上述问题分析，确定社区规划的定位：以"人的提升"为核心，将社会—空间的相互生产纳入过程机制，以公共领域为抓手，着重公共性的培育，以社区共同体建设切实推进以人为核心的城市化进程。

2.3　整体思路

整体工作分为两个阶段。

第一阶段：围绕社区社会治理创新，先期聚焦社会再组织，进行社区治理结构的存量改革，之后着力社区提升，以提高社区居民福祉为目标，激发社区活力，实现社区内社会人文、组织架构、生态环境、空间景观等层面的全方位提升。并围绕商品房社区、混合型社区和老旧社区分别选取典型社区开展工作。

第二阶段：自2017年开始探索"新清河实验2.0"。相对于之前侧重于社区层面的工作，这一阶段重在整个街道层面推进工作，特别是探索制度性实验的内容，并把城市公众有序参与和多元协商共治的核心理念落实到三大主题，一是社会治理创新，探索多元参与型社区协商治理；二是城市空间优化，推进以人为本参与式社区规划；三是社会服务保障，发展社区互助居家养老模式。最终目标是打造街区治理创新上"有活力"、工作居住环境上"有品质"、民生关怀保障上"有温度"、邻里守望互助上"有亲情"的"人文新清河"。

3　阳光社区规划

3.1　社区概况

阳光社区地处清河街道东南部，占地 $0.25km^2$，主要建成于 20 世纪 90 年代末期，以各类居住小区为主，还有中学、市政设施等配套用地，户籍人口和常住人口分别约 2550 人和 5110 人（图 1）。作为典型的混合型老旧社区，其中多种社区问题和矛盾冲突并存，主要包括：①居民构成复杂，社区邻里关系淡漠，社区归属感差；②居民老龄化程度严重，整体素质偏低；③公共活动空间极度短缺，停车空间严重不足；④公共空间品质低下，长期缺乏维护和改善（图 2）。社区中复杂的现状和高度集中的各类突出问题，使得传统的城市管理手段和蓝图式规划开发模式在此难有作为。

3.2　搭建议事平台

通过对当地的社区调研，我们发现，面对社区内的诸多问题，街道和社区"两委"

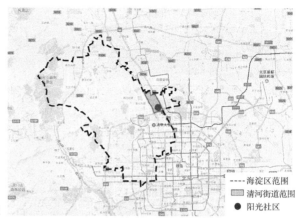

图 1　清河街道和阳光社区区位

> 海淀区范围
> 清河街道范围
> ● 阳光社区

图 2　老旧社区内掠影

做了很多工作，但常常出现"民生工程难得民心"。居委会坦言，"以前想为居民办些好事实事，总是从政府的角度出发，没有征求居民意见，费力不讨好。"物业管理负责人感叹："以前做了一些事，居民不买账。我们也不知道居民们怎么想的。"其中的一个重要瓶颈就是沟通渠道不畅。本应作为居民自治组织的居委会长期疲于应对来自上级的指派任务，没有精力和动力来真正行使自治职能。不少居委会成员也并非来自本社区。由此，居民的需求和意见缺乏正式、畅通的表达渠道，街道与社区两委、居民和物业管理公司等多方主体之间缺乏有效的协商沟通机制，居民抱怨"你们做的不是我们真正想要的，我们想要的你们又做不了"，甚至出现矛盾和冲突。

　　另一方面，调研显示，绝大部分居民都有意愿参与社区公共事务的协商。居民中表示"很愿意""较愿意"和"一般愿意"参加社区议事协商的比例分别达到40.9%、29.2%和15.4%，也就是说，有意向参与的人数比例高达85.5%。

　　针对当前社区参与"有意愿、缺渠道"的问题，实验第一步就是搭建基层协商议事平台。在社区中选举出有意愿、有能力、有时间的居民担任议事委员，作为居委会的有益补充。经过反复学习、实践和完善，阳光社区最终形成了自己的"阳光议事规则"，并搭建起以街道与社区两委、物业和居民代表为核心，广泛吸纳辖区机构、社会组织、专家、楼门长和其他居民共同参与的协商议事平台，并配套建设议事委员会制度、议

图3 搭建多方参与的议事协商平台

图4 社区议事协商联席会议

图5 举办基层社会治理培训工作坊

事委员选举办法、多方联席会议制度、社区议事规则等系列制度，由此打通社区需求表达渠道，通过常态化、制度化保障，逐步确立社区的主体意识（图3、图4）。

有了主体意识，有了表达渠道，还需要表达和协商等能力的支撑。接下来通过举办不同主题的工作坊，连续数天，对街道相关负责人、社区两委成员、楼门长和居民开展能力培训，围绕如何形成共识、凝聚目标、协商沟通、寻求资源、制定行动路线和解决策略等核心素养方面提升相关能力（图5）。

3.3 征集社区 LOGO

通过设立社区议事制度，开展工作坊提升议事能力，社区议事形成了亟待解决的主要问题，其中一个最为迫切，就是缺乏公共活动场地。我们并没有按照常规的做法，一上来就在社区中找空间做改造方案，因为按照当时的状况，如何改、改成什么样，社区中鲜有人关心；即使建成了，以当时的物业管理和物业费收缴情况，也难以支撑空间的良好使用和有效维护。

所以，首要任务是唤醒居民对所生活场所的关注、思考和期许。有了关注才会思考现在的问题，有了思考才会期许理想的目标，现状与目标之间的差距才能真正激发人们参与改造生活家园的动力。

于是我们精心策划了社区 LOGO 设计评选活动。通过前期的细心筹划和广泛动员，活动史无前例地得到广大居民的热情响应和支持，征集到 80 多份投稿作品，设计者上至 80 多岁的老人，下到 3 岁的孩子。经过层层海选，最终的现场评选活动与亲子市集、公共空间改造意见征询等几个活动同时举行。我们为每位 LOGO 方案设计者定制了独一无二的马克杯，每个杯子上印有他们的设计图案，被他们誉为"比传家宝还珍贵"

图6 社区 LOGO 评选
吸引居民的广泛参与

的宝贝。入选最终投票环节的设计者们每位在现场讲解方案和拉票,社区内人山人海,盛况空前,居委会终于卸下了"会不会像往常活动一样无人问津"的担心,也看到居民们发自心底地对社区的那份期盼和关注(图6)。最终现场得票最多的方案就确定为社区 LOGO,它采用"微笑太阳花"的形态,一方面呼应了阳光社区的名字,用拟人的微笑表达对美好明天的向往和信心;另一方面,彩色的花瓣寓意社区居民的多样化构成和多元文化的交融。经过课题组对形态和色彩的优化,LOGO 如今已经广泛应用在社区的各角落、社区工作用品和纪念品上,由居民自行选出的方案自然得到大家的钟情。更重要的是,通过 LOGO 评选,不仅唤起全社区对社区发展的关注,更发掘出一批热心社区事务、有设计才能的居民,从年迈但才华出众的老人,到充满创造力的孩童,还有长期藏身于社区中设计专业的高材生,都被纳入社区人才库,成为后续活动的重要支持者。

3.4 协力墙面美化

通过 LOGO 设计等一系列活动的"热身",居民们日益认识到社区内公共空间环境品质的重要性,于是一个新的命题孕育而生——对社区中心绿地旁住宅楼的山墙面进行美化,这也是进入社区最重要的对景空间。具体设计工作的支持者是清华大学学生公益组织"粉刷匠协会"。他们长期为打工子弟学校开展公益性的墙绘工作,做了很多年,收效和反馈都非常好;但这次面对的是老旧城市住宅区,可以说是一次截然不同的全新挑战。经过与社区多方反复交流沟通,最终的墙绘方案得到普遍认同,因为其中的每个场景、每个人物全部来自于社区中的真实生活。我们带领居民从刷底漆、调色到上色,全部工作大家自己动手一起做,有老奶奶从上午一直守到下午,就为了让小孙子下课后能参与画上几笔,之后逢人便自豪地介绍作品的由来,自己也主动加入居民自发的墙绘维护小组。就在墙绘完成后的当天下午,有居民开始驻足,久久观赏不愿离去,而这里在前一天还是杂草丛生、人们匆匆穿行的废弃地——因为他们在

图7 居民参与设计
和实施楼立面墙绘

墙绘中找到了自己身边最真实的生活之美、社区之美。这也再次印证了社区规划的魅力，在于唤起每一个人对所在生活地域的关注、想象与创造（图7）。

通过墙绘工作，一方面我们唤起了更多居民对社区公共环境的爱护，并共同参与美化工作；另一方面，也招募到众多热心居民加入社区人才库，孩子们更是兴趣盎然地成立了"小小粉刷匠"团队。更进一步，顺应居民对墙绘的喜爱和关注，引导社区探讨对旁边废弃绿地的改造可能，以及"我们能做什么"的积极思考。反思整个过程，对于来自设计专业的师生而言，也是一个非常难得的社会学习的机会。通过与社区成员的反复对话，在面对面的过程中，亲身感受每一位生活主体，特别是在社区中占很大比例的老一代居民，他们的生活经历和认知模式，墙绘方案从原来更多畅想性的创意设计，最后聚焦于社区真实的生活场景，体现出"设计回归生活"的探索路径。

3.5 参与式空间改造

随着墙面美化的完工，大家的关注点日益聚焦到它旁边一片几近废弃的三角形绿地上，探讨将其改造成公共活动广场（图8）。秉承"人人都是设计师"的理念，我们举办了很多活动，尽可能创造机会让广大居民参与到活动广场的设计中。

参与的首要前提是"赋能"。通过举办"建筑师体验坊"，对居民进行培训，带领大家探讨尺度、空间和公共空间的含义，在小区内进行实地勘测和使用评估，进而围绕公共广场的改造议题，将来自不同家庭、具有不同年龄和性别的居民混编到各小组中，共同交流使用需求和进行方案设计（图9）。在此过程中，公共空间的魅力便展现出来。人们的需求是多元化的，孩子们喜欢追逐嬉戏，老人们希望晒太阳、下棋、赏花。空间的唯一性，使得各种差异化的需求相互碰撞和取舍。通过参与设计的过程，人们

图 8　改造前的三角地

图 9　为居民"赋能"的建筑师体验坊

学会了如何表达诉求和换位思考，如何在利益的碰撞中逐步实现沟通、协商和达成共识。这成为极佳的型塑"城市人"的社区教育过程。从身边的邻里空间开始，从一个小小的议题沟通开始，实现人们"公共性"的全方位提升。所以，相对于每组的设计方案最终长成什么样，更为重要的是让参与者在这个真实互动的场景中体验和实践"社会化"与"组织化"的过程，进而帮助他们成为空间营造的真正主体——不仅是空间的使用主体，更成为空间的缔造者。

同时，我们定义社区规划也是一个"开放性设计"的过程。开放性意味着整个过程是面向社区开放的，中间的诸多环节都有社区参与；另一层含义则是指这个设计是可以无限延伸的，随着社区的成长、人们活动需求的变化，空间也随之变化和生长。例如，我们从小区旁边的汽车修理厂收集了一些废旧轮胎，孩子们在上面涂鸦，装点成自己喜欢的样式，部分轮胎做成隔离桩和椅背，部分在场地中是可以移动的，使用者可以根据需求灵活摆放成临时座椅或游戏设施，这些可移动的装置成为广场上孩子们的最爱（图 10、图 11）。

经过近两年的时间，克服了重重困难，三角地广场的改造终于完工。社区上下欢天喜地，社区自发组织了竣工仪式庆祝会，人们载歌载舞，共同欢庆这个来之不易的共同成果（图 12、图 13）。空间落成的同时，也面临一个新的挑战，便是空间的后期使用管理和维护，这也是当前大量老旧小区内部公共空间所面临的最大问题。而在阳

图 10　改造后的三角地广场

图 11　孩子们对废弃轮胎进行美化

图 12　居民共同参与三角地开工仪式

图 13　三角地竣工成为社区节日

光社区，经历了长时间的参与设计和期盼历程后，社区居民早已将广场视若自己心血的产物，自发成立了三角地维护小组，共同约定每天定时组织巡逻和卫生保洁，并共同拟定了"阳光社区三角地公共空间文明公约"，其中的第一条便是"爱护三角地就像爱护自己的家一样"，实现了从"小家之爱"向"共同家园之爱"的传递，也是从家园共识向共建共享的集体行动的演进（图 14）。

再次回到设计工作者的角度，这同样也是一个非常难得的社会学习的机会。一开始，年轻的设计师们做了各种各样的布局方案，有软质铺地、起伏地形的休闲广场，有可移动和灵活组装型的广场家具，也有沙坑、秋千类的探索乐园，但大多都在与社区的意见交流中被否决。于是，我们重新回到设计的原点，深入了解人们对空间的使用需求，发现社区中以老年群体为主，而他们最大的需求就是"晒太阳"和"聊天"——再平凡不过的行为，却真实反映出当前困窘的生活境遇，这也成为最终设计方案的核心主旨，最终得到社区的普遍认可。可见，社区规划的一大核心就是对"任务书"的再思考，既不是传统设计经验的再复制，也不是管理者拍拍脑袋想当然的创意，而应扎根社区中的真实活动群体，了解他们的生活诉求，用设计响应生活，进而营造更有品质的生活场景，笔者将其称为"社会性设计"[①]——这才是设计的根本魅力。

---

① 刘佳燕.社区更新：沟通、共识到共同行动[J].建筑创作，2018（2）：32–35.

图 14 居民自主拟定三角地文明公约

3.6 推进楼栋自治

在上述工作的基础上，我们进一步开展了楼门美化的微公益创投活动。不同于其他地区类似活动中主要面向第三方社会组织的方法，我们希望突出社区的主体作用，鼓励社区居民以楼门/楼栋为单元组建团队进行申报。通过街道提供资金奖励、课题组开展活动组织、专业团队提供技术支持，以楼门/楼栋为单元推动社区的自建和自治。

居民们自发结队，自行撰写申请书、制订美化方案、购置物料，甚至力所能及地亲手美化楼道公共空间。经过短短1个多月的时间，原来脏乱、破败的楼道空间焕然一新：残缺的楼梯扶手被居民巧手修缮如新；针对满墙乱贴的小广告，居民们突出"堵疏结合"，富有创意地在楼门口设立了信息栏和广告收纳袋；老奶奶亲手缝制的信报袋成为楼梯口最温馨的一景；楼道墙面上装点了卡通图案和谜语，使得原本辛苦地爬楼变得富有乐趣；楼梯下方的阴暗空间被装点成温馨舒适的宠物之家；自行车印迹被巧妙地改成了手掌树，人们期许之后每年都继续印上自己的手掌印，留下生活于斯的记忆；老人们在家门口挂上松鹤延年的图案，孩子们则张贴自己亲手绘制的诗画……各种微信群如雨后春笋般建立起来，楼门公约和楼门LOGO也应运而生，曾经互不相识的邻居之间成了好朋友（图15）。

很快，楼门口的留言板上出现了居民自发撰写的留言信，小朋友写道："谢谢爷爷奶奶把我们24号楼的楼道变得比以前干净、漂亮了，让我们提前感受到过年的气氛。卫生环境要大家爱护，我一定要向你们学习，爱护公共环境，从我做起。""这个活动开展得太好了，让我们的楼道内外有了翻天覆地的变化……我一定要向你们学习，养成讲卫生、爱护公共财产的好习惯，不破坏社区的一草一木，让阳光的爱洒满整个社区，奉献自己的一切力量！"这是多好的来自真实生活体验的社区教育啊！在全社会投入大量资源发展学校教育和家庭教育的同时，却往往忽视了我们身

图 15　基于楼栋共同体营造的楼门美化

边最好的给孩子们的教育场所——社区。相比于师长反复的说辞或教科书上的几行字，相信这样一次来自真实邻里互动的环境教育，对孩子们的影响将更为深刻和持久。

这其中还有一个小插曲。由于项目是在老旧小区，楼门原来是没有防盗门的，大量小广告被到处乱贴，破坏环境，因此居民提出要更换防盗门。这原本不属于创投活动的资助范围，但课题组仔细讨论后认为有其合理性，因为楼道刷得再干净，上千张小广告贴进来就全毁了。这个诉求在之前的社区协商会议也曾被提出过，但一涉及钱从哪里出的问题就陷入僵局——街道、居委会、物业和居民都不愿自行负担。怎么办呢？通过与街道、社区协商，最终决定结合创投活动，采用"以奖代补"的方式：在实施良好的楼门美化项目的前提下，由居民自筹部分资金，街道提供一定比例的奖励资助。这一下就激发了居民的积极性，不少楼栋顺利装上了防盗门。可见，公共空间改造不单单是一个技术问题，还是一个需要从制度甚至法律层面探讨的问题。其背后涉及公共、半公共空间，以及集体财产背后的归属权、使用权、收益权等，而这些权利之间怎么去分割、怎么去协调，都是需要我们考虑的问题。我们通过制度设计，其实是搭建了一个平台，发挥公共资源的杠杆作用，吸引和撬动社区各方资源的投入，共同营造他们自己的生活空间。

总结这次楼门美化活动，有几个很有意思的收获：其一，楼门美化的活动成果并不像设计师和专业工程队装饰出来的那么高大上，但每个装饰品、每个设计要素都折射出居民们对日常生活最美好的期许和他们的生活智慧，进而唤醒了居住在其中的每个人对生活环境的热爱和担当；其二，正因为有了前期投入，居民们对楼道空间的后期维护表示出极大关注，楼门自治自管的雏形逐步出现；其三，街道实际投入的资金远远低于原来计划委托第三方施工的工程预算，一方面实现了小钱办大事，另一方面也很好地回答了社区规划中的一个常见问题"钱从哪里来"——社区规划的资源投入不限于资金，还包括人力和物力等各种投入，由此也将原来局限于政府的单一主体，扩展到社区相关的各类主体，真正实现大家事情大家做；其四，从各楼门参与微公益创投活动的积极性来看，原来重点做过社区营造和培育过社区能人的小区脱颖而出，在参加活动的人数、积极性和组织能力等方面都较为突出，从中也折射出之前社区治理和社区规划工作的"红利效应"。

3.7 社区全面提升

经过数年的工作，曾经在社会和空间层面都面临衰败困境的社区，实现了社会资本的提升、社会网络的重构以及协作式规划机制的建设。公共空间环境得到有效改善，居民下楼有了休憩活动的场所，楼道空间也焕然一新，并且富有生气。更重要的是，整个空间改造的过程促进了社会的再组织和人的提升。

社区里成立了20多个社区社会组织，包括阳光鼓队、编织班、阳光朗读者等。编织班里原来毛纺厂的职工们，充分发挥擅长手工编织的特长，创造出结合阳光社区特点的座垫、保温袋、玩偶等特色编织工艺品，成为极其抢手的社区产品。

社区议事协商平台建立起来，其中最重要的两方主体也日益认可我们的工作。社区居委会感慨，"以前居委会想为居民办些好事实事，总是从政府的角度出发，没有征求居民意见，费力不讨好。现在居民事情居民议，居民的需求更直观地传达到居委会，居民参与度也提高了！"物业也很认同，因为"以前做了很多事，居民不买账，我们也不知道居民们怎么想的。现在沟通好了，物业费收缴率显著提高了20%多！"由此形成了多方共赢的良好局面。

4 总结

4.1 小社区大问题

30多年前，费孝通老先生的文章《小城镇 大问题》引发全国对小城镇的高度关注。今天，我们面对的社区虽小，却也高度聚集了我国数十年来快速城市化进程中的诸多难点和焦点问题，涉及基层社会治理、集体决策、社会融合、交通与停车、社区有机更新和规划转型等，都亟待关注和解决。未来中国城市更新的焦点将有很大一部分落在社区更新层面，单纯依靠社会科学或空间设计的单一领域不可能良好应对，而需要规划设计、建筑学、社会学、社会工作、公共管理、心理学等诸多学科的协同努力。

4.2 总结与挑战

"新清河实验"课题组自 2014 年开始，一直扎根在清河街道开展基层社会治理创新和社区规划等方面的探索，至今已经有 4 年多的时间。总结我们的工作特点主要体现在以下几个方面。

①以激发社会活力、推动社区能力建设和全面提升为核心目标。始终强调以社区为主体，注重主体意识培育和主体能力建设。

②跨学科协作。社区是一个"社会—空间"统一体，干预行为需要多个学科的共同协作，我们的团队成员涉及社会学、城市规划、建筑学、社会工作等多专业背景。特别是将空间规划与社会治理相结合，强调对规划干预和社会再造两者互动过程的关注。

③采取长期专家陪伴式工作方式。不同于传统常用的项目制工作方法，我们强调与当地街道和社区结成长期合作伙伴关系，协助他们拟定发展战略，提供咨询建议、专业支持、社区能力建设、社会组织孵化和示范项目实施等，最终的目标是地方的可持续健康成长。

未来在继续深化推进既有工作的基础上，将特别关注制度体系建设和造血功能培育，具体包括：社区党建经费使用制度的优化；建立社区规划师制度，采取街道搭台、企业和社区共建团队、第三方培训和评估、社区协作的方式，选拔和培育跨学科团队，长期扎根社区提供专业支持；培育和孵化社区社会组织，为后续社区参与和社区治理提供本地土壤，特别是在街道层面引入枢纽型社会组织，为街道整体谋划社区发展战略，以及全面统筹各类社会组织的引入和社会服务的供给等。

4.3 社区规划再思考

总结可持续的社区规划，离不开跨学科和跨行业的整体性特质。特别结合我国的社会经济制度背景以及快速城市化进程特点，需要着力实现政府的政策引导、资源投入与社区需求、社会及市场力量支持的高效对接和整合，重点聚焦人与人、人与空间关系的重构与优化，有效推进社区物质环境、人文气质与居民生活品质的全面提升。

一方面，社区规划强调通过多方参与的空间生产的过程，引导和鼓励人们发掘自我营造美好环境的能力，体验共同工作的乐趣，并重新思考人与自然、与他人和谐共处的可能。另一方面，社区规划需要结合基层社会治理的思路，重新发掘和培育共同体，使社区发展真正成为居民自己的事,而不仅仅是政府的事。其真实意义在于对社区共同体及其中每个人的作用,而不仅仅停留于对空间的改造,也非追求某些参与的形式,以此实践新型城市化战略的核心诉求。

社区规划师绝不能仅仅只是空间设计者,还需要是社区资源的挖掘者、多方利益的协调者、社区发展的推动者,更是社区力量的培育者。社区规划的核心是关于人的,所以需要慢慢来,需要"小火慢炖",最终实现社区由内而外的"发酵"和转变。当外来的规划支持团队撤出后,仍能够实现社区自我可持续的良好运转,才可谓是真正成功的社区规划。

厦门鹭江剧场文化公园的活化
——基于共同缔造工作坊的实践

李　郇　黄耀福

1　背景

1.1　美丽厦门战略规划与美好环境共同缔造

2013 年厦门市委市政府编制《美丽厦门战略规划》，立足厦门的历史与现状格局，提出美丽厦门"两个百年"愿景、"五个城市"的发展目标、实施美丽厦门的"三大发展战略"和"十大行动计划"、建设美丽厦门要"共同缔造"等。

美丽厦门的建设最终将达到让发展惠及群众、让生态促进经济、让服务覆盖城乡、让参与铸造和谐的目标。厦门的美丽特质是实现美丽厦门愿景与目标的基础和动力，美丽厦门发展战略是愿景与目标的载体，"十大行动计划"是落实美丽厦门战略的具体任务，而"共同缔造"是实现具体任务的途径，也是实现美丽厦门愿景的认识论和方法论。"美好环境共同缔造"以群众参与为核心，以"共谋、共建、共管、共评、共享"为路径，通过空间环境的改造、项目活动的举办等方式，为厦门社区建设指引方向[①]。

1.2　旧城的辉煌与衰败

鹭江街道位于厦门市思明区西南海滨营平片区，是目前为止保留最完整、历史最悠久的传统街区之一，该片区大部分建筑物建于 20 世纪 20~30 年代，以大同路、开元路、大元路等为代表的老街区成为厦门历史文化缩影。

作者简介：李　郇，中山大学城市化研究院院长，中山大学地理科学与规划学院教授，博士生导师；
　　　　　黄耀福，广州中大城乡规划设计研究院有限公司规划师。
①　李郇，刘敏，黄耀福.共同缔造工作坊——社区参与式规划与美好环境建设的实践[M].北京：科学出版社，2016.

　　营平从明代至今经历了 600 多年的历史，期间经历了几次大的变化。明朝洪武年间，"厦门城"始建，在今营平内。明清时，营平便已呈现城区纵横交错的空间格局，其道路与建筑的修建很大部分取决于北面与西面靠海条件，为了方便贸易，这一片区形成垂直于鹭江道的东北—西南的街巷肌理。到了清初，营平商贸发展繁荣，杨国春曾写过一篇《鹭江山水形势记》载于道光年间《厦门志》上。文章写道，厦门"……纵横三十里许，而山峰拱护、海潮回环，市肆繁华、乡村绣错，不减通都大邑之风……"。描绘了当时营平片区商业贸易、城市繁华的盛世景象。在 20 世纪 20 年代初，厦门第一条近代化道路——位于营平的"开元路"完工，之后陆续开展其他市政建设，基本奠定城市道路体系，形成了厦门城市的基本格局。

　　随着道路改造及商业发展，一批近代的住宅楼房逐渐代替原来的平屋。在新开辟的开元路、大同路、思明南北路和中山路两侧，兴建了骑楼街区。至厦门市辖管时期，整体形成第 1 至第 8（简称"一市"到"八市"）8 个市场。目前仅有"八市"保留下来，位于营平街道内，为著名的海鲜市场。

　　这里拥有厦门老字号"好清香"、第一家电话公司、总工会旧址、闽南大厝民居等具有历史价值的建筑，并且保留了大元路、开元路、大同路等以骑楼风貌为主的街道。作为老厦门的发源地，历史长河给鹭江留下不同年代、不同特征的建筑群和独具特色的城市肌理。

　　然而随着社会发展和变迁，鹭江老街区建筑变得老旧，房屋破败，年久失修，质量存在安全隐患；片区内部巷道狭小，存在火灾隐患；商业业态低端，与其所处的区域位置极不相称。原有独具韵味的老城氛围逐渐消逝，老城安全岌岌可危，老城发展停滞不前。

2　鹭江剧场文化公园的活化

2.1　从影剧院到文化公园

　　剧场公园前身是厦门市鹭江影剧院，是老厦门人重要的文化生活的休闲场所。然而由于年久失修，总建筑面积达到 $2600m^2$ 的鹭江剧场被鉴定为危房，2013 年厦门市土地开发总公司不得不拆除建筑，并且收储土地，之后这里一度成为城区里的停车场。

　　鹭江旧城的建筑密集，建筑密度达到 87%，容积率也高达 1.8。由于先天不足，旧城最缺的就是公共空间。目前传统做法中，对旧城基础设施的投入往往是衡量旧城改造成功与否的重要标准，却忽略了公共空间这一重要资源。鹭江的城市更新便是从

图1 施工平整后准备
建设文化公园

公共空间着手，为居民营造一处良好的室外休闲交流活动场所。

2014年7月，时任厦门市委书记王蒙徽接待了老居民陈培琼等6人关于反映"原鹭江剧场被规划成停车场，造成脏乱差现象，建议改建成便民活动场所及公共安全疏散场地，改善周边居民的生活环境"的诉求，做出"旧城拆迁腾出来的土地，要尽可能还给百姓，将原鹭江影剧院地块无偿交由思明区建设老人活动中心"的指示。鹭江街道根据居民意见将鹭江剧场项目改造定位于建设开放型的文化公园，以"居民可用、文化可传、简洁不简单"的原则开展公园的营造项目（图1）。

公共空间能够切实反映旧城的人居环境，是邻里交往的重要活动场所。当前快速城市化不断冲击邻里关系，导致居民变得更加分散。剧场公园的建设能够有效增加老城的公共空间资源，对促进居民之间日常交往、开展邻里活动、凝聚社会网络具有重要作用。同时，公园的增设能够为居民提供"监视的目光"，增加居民的安全感和归属感。

2.2 剧场文化公园的设计与功能

（1）整体设计

在空间布局上，剧场公园尽量减少构筑物，最大限度地留出广场空间给周边居民。在公园树下、绿藤下布置若干老电影院样式的休闲座椅，将花坛边缘设计为可看可坐的石台，切实增加周边居民活动空间，提高日常休闲生活质量。新公园整体结构模拟原鹭江剧场的场地入口大厅、观众席、舞台的布局关系，分为入口区、公园开放区和主景区，体现进入剧场、电影散场的人流通道和正在放映的电影等状态的历史元素。新设的文化展示墙如同一卷展开的电影胶片，使居民可以在场地内体验到浓厚的历史氛围。

图2　建好的剧场文化公园鸟瞰图

（2）多元化活动空间

剧场公园广场具有开放包容的特性，通过多样化的功能促进不同人群的交往，是本地人与外来人和谐相处的场所，也是老人、儿童一起活动的乐园。剧场公园为老城里的社会交往打开了一扇门，促进人与人、人与环境之间的和谐。

公园将两侧收储的可用楼房改造成老人活动场所，以工作坊、博物馆等形式引入民间老艺人或者文创青年，增加文化公园的文化氛围，让市民在这里可以寻找到老城的记忆（图2）。同时，增设茶座、建设区、图书馆等满足居民日常休闲需要。孩子们特别喜欢在剧场公园嬉戏，以前只能在街道里"乱窜"。如今老人会带着小孩儿一起来到公园游乐，老人一边喝茶一边看着小孩儿乱跑。尺度的宜人让老城更加焕发活力，而丰富、混合的功能可以让不同年龄的居民在一起游玩。

公园广场周围都是居民住房，功能的混合提高了居民使用的频率，也促进了以家庭为单位的活动，具有浓厚的生活氛围。活动重叠性的提高增进了邻里之间非正式的联系。在这个 $1600m^2$ 的活动范围内，不同人群长期居住交往，使其具有其他公共空间最为缺乏的吸引人的、内在的力量——场所精神。

剧场公园将传统电影文化与广场小品设施相结合，是对前身厦门老剧场内涵的延续。如今公园还保留一处电影放映幕与戏台，定期为老城居民播放电影，还会邀请戏曲团队来演唱番仔戏等传统曲目，剧场公园成为象征居民地域认同的地标。

鹭江街道收集了老城以往的木门，用厚重的门板在公园一角堆砌成一处景观，象征"五福临门"（图3）。这些随处可见的木门，不仅让居民倍感亲切，也体会到传统文化与公共空间结合所焕发的魅力。除了木板门，废弃的木梁柱也被人们拉来做成"有机更新"的雕像。尽管当前木梁柱逐渐被钢筋水泥土取代，但在历史上，它们曾经是好几代人的"顶梁柱"。看到这一扇扇熟悉的门，还有一根根木梁，足以勾起居民对

图3 利用当地木门建设的公园小景

图4 "早市"丰富的活动

这个老城的回忆，彰显浓浓的厦门味道。

（3）特色化社区活动

老城剧场公园开始定期举办"早市"，为居民提供不同主题的各类活动（图4）。"早市"原指市民经常集聚在一起买卖肉菜的地方，之后演变成为市场，价格低廉，市井味浓厚。这里的鹭江"早市"活动是指两到三个星期，定期在剧场公园举办的集市活动。早市从2015年3月开始，主要由营平片区的"吉治百货"老板筹办，单在2015年就举办了18期（表1）。"早市"活动联合了营平片区的商家、居民、社工机构、社区居委、街道共同参与，改变以往自上而下的、外来的纯粹"表演式"活动，而是从本地文化特色出发，再现传统年代的历史场景，通过参与式活动促进人群之间的交流。长期"早市"活动的社会建构，改善了居民与政府之间、本地人与外来人之间的关系，增进对共同家园的集体认同。

2015年历期早市活动 表1

	日期	主题	活动内容
第1期	3月1日	旧物开市	①节目表演：舞狮踩街、魔术、杂技和闽南传统答嘴鼓
			②老手艺展示：剪纸、捏面人、糖画、中国盘扣及草编等
			③旧物交换：居民旧物或照片之间的交换
第2期	3月15日	鱼市学堂	①鱼市解说：解说厦门鱼类相关知识，教民众识鱼、认鱼、辨鱼
			②海鲜烹饪品尝：海鲜排档师傅现场烹饪并请民众品尝
			③特色海鲜拍卖：选取时令鱼类现场拍卖，让民众参与互动
			④八市小吃尝鲜：选取八市特色知名小吃，让民众品尝地道口味
第3期	3月29日	旧物交换	①旧物集市：现场旧物兑换日常用品；报名旧物售卖，通过审核设置摊位
			②旧物展：百样旧物展览
			③老音乐：夏威夷吉他演出团队现场弹奏老厦门音乐
			④复古照相馆：搭建复古旧物场景，供游人和居民拍照

续表

	日期	主题	活动内容
第4期	4月12日	南音留声机	①旧物集市：现场旧物兑换日常用品；报名旧物售卖，通过审核设置摊位
			②爱心义卖：残障人士手工制品义卖
			③小吃品尝：选取八市知名小吃，让民众品尝地道口味
			④南音欣赏：南音乐团现场演奏
第5期	4月26日	厦门泡面考	①旧物集市：提供旧物交换、售卖平台
			②爱心义卖：残障人士手工制品义卖
			③小吃品尝：选取厦门传统小吃，让民众品尝地道口味
			④厦门泡面烹饪品尝：邀请/报名泡面达人现场烹饪并请民众围桌品尝
第6期	5月10日	给妈妈的礼物	①旧物集市：提供旧物交换、售卖平台
			②爱心义卖：爱心手工制品义卖
			③小吃品尝：选取厦门传统小吃，让民众品尝地道口味
			④亲子照相馆：将用拍立得相机为母子（女）拍照，并赠送伴手礼以及鲜花
			⑤母亲节手作展卖区：特色手作坊
第7期	5月31日	闽南童玩好七桃（闽南话，意为闽南童喜欢玩耍）	①旧物集市：提供旧物交换、售卖平台
			②吹画制作：现场教授小朋友吹画制作
			③小吃品尝：选取厦门传统小吃，让民众品尝地道口味
			④闽南童玩游戏区：互动类游戏，同时体验踩高跷等童玩游戏
第8期	6月13日	线牵乡情	①旧物集市：提供旧物交换、售卖平台
			②剪纸：现场展示和教学传统手艺——剪纸
			③小吃：选取厦门传统小吃，端午粽子的现场制作和售卖
			④提线木偶：带领大家重回旧时光，感受和参与文化遗产——提线木偶
第9期	6月27日	垃圾不落地	①慈济表演环保手语、垃圾分类和宣导
			②T台秀活动：小朋友身穿与妈妈亲手制作变废为宝的"时装"走T台
			③节目表演：邀请人偶团队表演
第10期	7月12日	夏日嬷嬷茶	①旧物集市：提供旧物交换、售卖平台
			②凉茶铺：现场教学凉茶的种类、搭配、功效以及熬制方法
			③夏日清凉小吃：为大家提供解渴消暑的爽口小吃
第11期	8月9日	斗阵来七桃（闽南话，意为一起来玩耍）	①文艺演出：车鼓弄、歌仔戏、答嘴鼓、讲古、闽南文史现场讲解
			②现场知识问答：有奖知识问答
			③摊位服务：口腔义务服务、残疾人援助等
			④政策宣传：计生、征兵、劳动保障等政策宣传
第12期	8月30日	公益市集	①公益市集：物物交换、手工义卖、便民服务等
			②七彩夏令营演出：闽南曲艺、社区才艺、社工展示等

	日期	主题	活动内容
第13期	9月20日	中秋寻找时光饼盒	①厦门本地月饼源流（抗击侵略者的饼）介绍
			②老饼盒征集、展示
			③"鹭江关怀"博饼活动
			④"长大的月饼"DIY游戏
第14期	10月20日	和睦邻里节	①舞蹈表演
			②魔术表演
			③穴位操练习
第15期	10月25日	伊面之缘（闽南话，"伊"指他/她）	①老照片征集、展示
			②书法即兴表演
			③"面面"聚到
			④斗阵来七桃（鹭江之谜、巧运乒乓球、金圈套宝）
第16期	11月8日	同心共筑	①腰鼓表演
			②传统文化活动讲古：老厦门闽南文化
			③小品表演
			④茶道与书法互动
第17期	11月22日	华侨大学学生作品展	①学生作品展示与介绍
			②茶道互动与茶商介绍
第18期	12月6日	礼乐华彩	①礼乐情景展示
			②红地毯走秀
			③礼乐民俗体验
			④社区亲人游戏互动
			⑤礼乐文化普及讲解

3 共同缔造工作坊的开展

剧场公园的营造拉开了旧城更新与微改造的序幕，"共同缔造工作坊"的组织则进一步释放剧场公园对城市更新的触媒作用——运用"美丽厦门共同缔造"的思路，动员居民参与社区有机更新过程，同时进行相关制度设计，形成旧城有机更新可推广模式。"共同缔造工作坊"团队成员包括居民、商家等公众代表，中山大学、厦门华侨大学、厦门大学等院校代表，与政府代表等一起集思广益，共谋发展之路。"共同缔造工作坊"引导公众以多样化方式参与到规划多个环节，通过居民、商家、社会组织等不同主体协商共治，制订符合多方愿景的规划方案，探寻推进社区可持续发展的方法与策略。通过工作坊多次讨论协调，公众在立足鹭江现状特色与发展

图 5 认识片区存在的资源

机遇的情况下，认为鹭江旧城区未来应该是具有老厦门味道、安居乐业的混合社区；也是承载厦门历史、展现市井生活的"街区博物馆"；同时是新旧交融、富有生活情调、又具开放包容的历史文化街区：伴随新功能的引入与建筑的自我更新，让老城在建筑、功能上与时俱进，符合当代人生活需求，同时成为开放包容的历史文化街区[①]。

3.1 开展多次实地调研，认识社区资源与问题

工作团队通过多次实地调研，包括深入访谈商家与居民、现场求证等方式，分析营平片区在社会人口、风貌、产业、街巷、建筑、设施等方面存在的问题（图 5）。

（1）社会人口

该片区主要涉及 3 个社区，包括鹭江道社区、大同社区及营平社区。2015 年片区常住总人口约为 2.9 万，其中户籍人口 1.7 万左右，常住外来人口接近 1 万，人口密度高达 3.4 万人 /km²。

片区内主要以老人与小孩儿为主，人口老龄化现象严重，且 3 个社区年龄构成差异较大。其中，大同社区 60 岁及以上的老人占总人口比例最大，达到 50%；营平社区与鹭江道社区次之，分别为 24%、21%。5 岁以下儿童占总人口比例相对较为均衡，其中营平社区较大，为 4%；鹭江道社区与大同社区次之，分别为 3%、2%。

（2）产业发展

对片区内的产业业态进行分类统计，餐饮类、生活服务类与公共服务类业态属于便民类，即主要为居民与游客提供基本的日常生活和消费服务等生活必需品功能，体现出内向性；而休闲娱乐类、服装家居类、古玩艺术类业态属于选购类，即非生活必需品而是存在相互比较购买的服务功能，体现出外向性。片区内便民类业态占到

① 中山大学，华侨大学，厦门大学，等.美好鹭江共同缔造工作坊[R].2014~2015.

66%，选购类业态占到 30%。不难发现，该片区主要以居民生活性功能为主，提供日常生活服务。

该片区内主要以居民生活类产业业态为主，这种产业现状存在着一定的发展利弊。一方面，传统生活类产业具有较大的市民活力，在一定程度上带来适量的就业机会与房屋租金效益，为片区带来发展动力。另一方面，也带来众多外来就业人口，不仅加重卫生环境、交通、消防等压力，而且还加大本地居民与外来务工人员的摩擦与矛盾，容易造成邻里不睦与外来人员管理难等问题。

（3）街巷空间

目前该片区内主要包括 4 条重要街巷，分别为大同路、开元路、横竹路、大元路，特色骑楼街面与中西结合的建筑风格形成厦门老城的独特街巷肌理。同时，具有悠久历史的老字号店铺以及颇具文化创意的特色小店成为街巷空间的重要节点，如大元路上的"赖厝埕扁食店"与"阿吉仔馅饼店"、开元路上的"吉治百货"等。

但随着时间的推移，目前片区内老城街巷空间受到较大破坏，一系列问题逐渐出现，极大地影响了老城景观。例如，车辆随意停放路边使得街巷公共空间被侵蚀与压缩，建筑老旧破败与违建、加建现象严重极大程度上影响了街面沿街景观，同时沿街建筑风格参差不齐导致街面景观不一致等。

（4）建筑形态

房屋以旧房居多，外观破旧，有部分危房。大部分旧房甚至外观较好的房子均存在严重的采光、通风、消防以及违建、加建厨厕等问题，且存在多户居住条件较差。在整个营平片区，商业、居住是片区的最主要功能。该片区内基本以居住功能为主，在住区外围沿街发展商业，内部为住宅，整体呈现"商包住"格局。部分内部住宅承担仓、住混合功能，造成人货合流。同时，由于内部巷道狭窄，因此产生了一定的交通问题，且影响了内部巷道卫生环境，造成居住环境质量下降。

受传统多进单层的闽南本土"手巾寮"建筑形式的影响，同时结合中西文化风格，片区内形成明显的商住型骑楼建筑特色，街面长进深，沿街商业建筑均带有廊柱。这种小街面、长进深的商住型骑楼建筑形式成为厦门老城的特色，但同时也带来采光、通风问题，影响内部居住环境。

（5）小结

作为老厦门安居乐业的老城和市井生活的缩影，大元路片区有着悠久的历史文化与传统：原汁原味的市井文化与充满质感的生活细节，大同路作为厦门第一条市政道路推动城市化进程，闽南特色骑楼街与建筑风貌带来浓郁老厦门情怀，具有老厦门传统"古早味道"的老字号饮食、技艺与习俗，悠久的发展历史与重要的老城地位。

随着社会发展和变迁，大元路片区功能、物质方面的过时导致片区活力下降，"传统产业＋传统居民＋传统建筑与设施"一体的文化底蕴逐渐消逝：建筑老旧，房屋质量存在安全隐患，且功能过时，加建与违建严重；伴随租金上涨，部分小商店难以承受租金压力，转手率高；片区内部巷道狭小，环境脏乱，存在火灾隐患；发展活力下降，老字号等历史与人文底蕴不断被淹没；"商包住"的街区格局造成街区表里风貌差别大，改造难度加大。

3.2 开展访谈与座谈，寻求未来发展共识

（1）公众的想法

尽管不同地区的实践给我们提供了丰富的经验与可选择的发展方向，来自鹭江街道的居民、商家等从自身体会与生活经历，告诉工作坊团队其想要怎样的剧场文化公园片区。从访谈来看，公众关注到这里作为重要的居住区，在环境卫生管理、安全秩序维护等方面，能够得到进一步改善；同时，希望能够把这个地方作为老厦门的名片，在保留这一片区的历史文化基础上，发展以文创产业和旅游业为导向的相关产业。

> 这里发展文创产业，最重要的是将能够做文创的"人"引入进来，依托这一群具有带动性的人，做可体验而非仅仅观赏的文化产业。片区内如果要留下人，可以从以下三方面入手：①有留下人的空间；②有留下人的产业；③有定期的集市。集市是片区作为传统老厦门生活区的特色，如旧物早市等，这类具有集市性质的定期的活动与展览应当向其他街区延伸。目前，在吉治百货内消费的客群以国内游客与片区外的厦门人为主，后者主要集中在周末消费。——杨涵憬（图6）

> 这里的大街小巷就像毛细血管一样。如果旧城区需要搞活，就一定要原汁原味，需要生活性的活动来体现它。——老居民＆土笋冻老板（图7）

图6　与"吉治百货"交流　　　　图7　与"土笋冻"老板交流

在未来发展中，希望能够对业态进行调整，适当引入现代文化产业，提升片区品质；能够适当延长店铺租期，保障商家稳定经营。——佛具店老板（图8）

希望未来能够有人负责巷道卫生管理，对片区内老旧房屋进行改造，适当提高居民的生活水平。——居民阿姨（图9）

图8　与佛具店老板交流　　　　　　　　图9　与居民阿姨交流

（2）未来的愿景

从大元路骑楼片区所处的区域周边关系来看，这里是老厦门的重要片区，也是本地市井生活与外来游客游憩空间的互融片区；八市市场与该片区关系紧密，浓厚的厦门原始市井生活氛围成为影响其发展的主要动力；码头与台湾小吃街的搬离减弱了外来游客的引入力量；随着中山路、鼓浪屿、厦门大学、曾厝垵崛起，旅游与商业氛围的注入使得片区呈现多元化发展。

结合工作坊的多次协调与讨论（图10），对剧场文化公园片区未来的愿景畅想如下。

剧场文化公园片区是具有老厦门味道、安居乐业的混合社区：这里的功能、活动首先面向本地人，包括剧场文化公园主要为本地人使用，街边商业为本地人提供便利服务。未来这里能够成为承载厦门历史、展现市井生活的"街区博物馆"，居民的市井生活让这一历史街区成为富有活力的、外人可体验的特色"街区博物馆"（图11）。

3.3　共谋行动计划，共建美好家园

结合工作坊开展的活动，在掌握地区资源与诉求的基础上，工作坊提出了产业提升、组织培育、以奖代补等多项行动计划。

图 10　与居民商讨愿景

图 11　街区未来发展愿景

（1）产业提升计划

在总体思路上，希望避免大拆大建破坏原有老厦门市井生活的味道，充分利用现有特色骑楼街区，对底层商业店面进行修复，提升厦门老字号特色小吃的品牌特色；同时，适当引入休闲创意产业，开办青年旅舍、民宿、咖啡、书店等，发展片区的社会、经济活力。产业服务对象包括本地居民、其他厦门人、外来游客等。

在具体策略上，希望以民宿为核心，带动传统产业升级。引入咖啡、精品店等文创产业，通过剧场公园带动周边片区传统产业更新，营造文化休闲创意氛围。同时，发挥八市市井文化氛围，强化地方特色产业，包括老字号、特色小吃等，并通过开元路、横竹路、大同路等为片区居民、厦门居民、游客等提供日常生活服务。

（2）组织培育计划

依托家庭综合服务中心孵化社会组织，开展关怀服务活动。该片区目前住户主要以老人、儿童居多，应当充分发挥剧场文化公园、家庭综合服务中心室内活动场所的作用，依托鹭江街道家庭综合服务中心建立系列社会组织，将居民的个性化服务需求与社区内的其他社会组织进行对接调配，并为社会组织提供包括活动监管、项目策划、技能培训、场所保障等多项支持，实现社会组织的多方面、各层次活化，促使更多社区社会组织的产生，如社区老人服务协会、社区书画协会。此外，为老人和儿童提供公益服务和开展文化活动，包括文化庆典活动、敬老活动、四点钟学堂等。

通过对营平片区居民访谈与座谈会议所反馈的问题和诉求信息可知，目前片区治理所需要解决的核心问题主要在于房屋安全隐患与违建问题、内部巷道卫生问题以及外来人员缺乏认同感等问题。而造成这些问题发生的主要原因在于老旧社区房屋破旧和设施老化、长时间管理缺位后果的积累等。因此，为了实现营平片区的旧城有机更新，从社区居民组织入手，结合思明区网格员制度，以楼栋为单位成立共管小组，融入制度建设，实施社区和谐邻里计划，实现社区事务的管理与社区环境的良好营造。

建立商家联盟协会，提升商业发展态势。从社区商家组织入手，通过动员片区内商家，共同建立商家联盟协会，加强制度建设，从而加强商家联系与提高片区产业知名度。由此建议组织开展联盟自律活动、店铺美化活动、老字号保护活动、回馈社区活动等，从而改善商居关系与商业运营环境，提升商业发展态势。

（3）以奖代补行动计划

在鹭江微改造的过程中，自上而下的顶层设计需要在不同阶段针对不同问题、机遇予以引导。例如，刚启动城市更新时，更多需要政府扶持，明确城市未来发展的定位，消除公众对此片区发展的不确定性；同时，辅以财政支持，通过以奖代补予以奖励，进一步激发公众更新的动力。

政策优惠的目的在于通过合理的收益分配，减免有关税费、调整地价及提高回报率等措施，在规定的范围内满足投资者的一些要求，以此鼓励社会资金进入到城市更新中，从而改善城市整体环境质量。常见的措施包括"以奖代补""租金优惠"等。"以奖代补"不同于直接提供财政补偿，而是对做得好的项目、活动予以奖励，以此鼓励投资者兴建城市所需的公共空间和城市环境，保护城市资源和特色。"租金优惠"则是通过减少或减免相关建筑、土地的使用租金，鼓励使用者充分发挥建筑作用，扶持特定产业等。

4 工作坊取得的成效

4.1 街区产业活力提高

随着社会发展和变迁，鹭江片区原本在传统建筑、传统产业与传统居民一体的文化底蕴逐渐消逝；骑楼建筑越来越老旧，且难以满足当前日常居住需要的基本功能，如缺乏厨卫等。久而久之，老城发展活力日趋下降，旧城的一切仿佛成为包袱；老字号等历史与人文底蕴不断被淹没，传统产业走向衰败，越来越多的年轻人不愿意在老城就业、创业，老字号也"后继无人"。

不同于传统的政府主导的产业发展，鹭江老城通过自下而上、公众参与为主体的文化植入，逐步培育壮大文化创意、休闲旅游、传统老字号等产业。大元路是100m长的步行街区，广场集聚的人气让大元路焕发活力。位于大元路上的"信记陈茶""同安封肉""黄胜记"等均开始更新，在逐步融入公园广场所创造的新的美好营平的愿景中。"吉治百货""旧时光家具""以乐剪纸""老城咖啡店"等通过建筑实践与文化创意相联系，逐步消除市场与现实的不匹配，营造了富于地域特色的文化街区，逐渐焕发旧城隐藏丰富资源的活力。在大元路街区，我们可以看到极具地域特色的"古早味"

老字号与文创氛围的"小资场所"并存，通过消费文化与传统地域文化的接轨，焕发街区产业的活力（图 12、图 13）。

在大元路街区，既有消费文化下出现的创意体验产业，也有根植于地域文化的老字号产业；二者有效推动了旧城产业的更新，也让老城找到自己的竞争优势和市场地位；在提高居民收入的同时，逐步培育老城的消费市场，重新建立公众对老城发展的信心，带动社会对旧城的资金投入与更新活动。

4.2　以奖代补政策得到实施，鼓励居民自我更新

为了鼓励居民、商家开展自我更新，鹭江街道推出《鹭江街道旧城有机更新以奖代补实施办法》，思明区出台老城区私危房翻建解危的"以奖代补"办法。对符合《鹭江旧城有机更新总体风貌控制导引》中的设计风格、对房屋进行立面改造和内部改造的项目予以奖励，对改造后用途为居民自主或者发展民宿、青年旅舍、咖啡店、旧书店、画廊、古玩店、传统工艺品商店、传统特色食品店及其他能体现当地特色的业态予以奖励。以第一家享受"以奖代补"政策的"同安封肉"为例，老板在改造期间，除了停业 3 个月失去的机会成本外，外部装修、设计费、改造费基本由政府以奖金的方式全部予以补贴，而内部装修费用由政府奖励成本的一半。此外，"赖厝埕扁食店"（图14）、"黄胜记"等均享受了政府的"以奖代补"，并且释放促进城市更新的触媒效应，催化其他危房建筑开展更新改造。

4.3　公众参与建筑环境改善

尽管很多店铺都是具有地方特色的"古早味"小吃，但以陈信茶店为例，更新之前店主经营海蛎面线糊，简易、鲜红的招牌与主体骑楼建筑风格冲突，缺乏艺术上的美观。改造之后，通过水刷石墙面，恢复骑楼的廊道，并且用海蛎壳铺设招牌，

图 12　四代传承的老字号更新　　　　　图 13　老剧场咖啡馆出现

崭新又怀旧、复古的外观与骑楼本身质朴的颜色吸引了许多路人停留。

2014 年 7 月剧场公园开始改造，建成后成为旧城城市更新的催化剂，不断激活老城自我更新能力；公园周边出现不少自我更新的建筑。除了剧场公园是政府推动进行的改造外，"吉治百货"、"荒岛图书馆"、"以乐剪纸"（图 15）、"老城咖啡店"等主要是社会各行业人士进入营平片区进行的投资；而"同安封肉"、"赖厝埕扁食店"、"信记陈茶"等是在原本居民开设的餐饮店基础上进行的更新。由此可见，老城不仅吸引了社会的关注，成功激活了市场要素，也让本地居民看到未来升值的空间，愿意去投资改造。

5 总结与思考

鹭江旧城的有机更新不断发挥着城市触媒的效应。随着时间流逝，鹭江不断走向衰败，活力持续下降，然而其悠久的历史、特色骑楼建筑群、浓郁的市井文化却对老厦门人具有重要地位。鹭江的发展并非缺少资源，只是缺乏撬动其与现代生活接轨或者说与现代生活相互融合的契机——通过这种撬动实现旧城整体有效运转。剧场公园的改造拉开了老城自我更新的序幕，让公众看到未来发展的信心，而文化的注入和转化成功地将老城由过去的时间坐标拉回到当前的时间坐标，实现了建筑过时、功能过时、就业人员过时的翻转。政府提供的"以奖代补"政策奖励、策划的系列浓郁地域特色活动，激发了社会基层的活力，促使居民、商家有更高动力开展自我更新，实现危房改造、建筑加固、功能提升。传统与现代的结合，正一点一点渗透到鹭江老城中，发挥着更多的示范与催化效应。总结鹭江"共同缔造工作坊"

图 14 享受"以奖代补"政策的店铺更新

图 15 建筑活化——以乐剪纸艺术馆

的实践，主要经验包括以下几方面①。

5.1 针对性选取公共空间，以环境提升示范增强居民信心

剧场文化公园的选取对鹭江旧城区至关重要。通过这一次公共空间的改善，不仅为居民带来活动场所，更让大家看到未来地区环境改善、产业发展的信心。示范点的选取需要综合性的思维对城市未来的发展进行通盘考量，深入了解城市的文脉和肌理特征，以城市问题或者城市资源为切入点，以此化解问题或进一步发挥资源的优势，从而协助城市从微观层面逐步改善生态环境。在促进整个城市更新之前，需要让市民恢复对这一区域发展的信心，或者创造一种对未来培育某种功能的自信，以此逐步树立此区域在整个城市经济、社会体系中的竞争地位，使其能够具备在功能上进行更新的潜力（图16）。因此，需要城市地区的居民与政府、社会组织等达成对未来发展的共识。

5.2 强调地方特色，作为产业发展的重要基础

鹭江旧城具有浓郁的地方特色，也拥有厦门诸多老字号传统店铺，其衰败的核心问题在于破旧的建筑无法满足当前居民居住的新需求。但是如果借助文化创意植入的方式，把地方特色跟消费需求结合在一起，营造一种新的氛围，重新将老城展现在世人面前，则会带来不一样的生机与活力。如此旧城不再只是居住的空间，甚至可以是消费体验、互动交流的场所。这种通过与地方文化、消费文化的密切结合可以激发城市发展的持续动力，能够满足城市与时俱进的需要。对本地人而言，文化还能够塑造城市或地区特色，培育居民的归属感。城市文化反映了城市所处的时代、社会经济、生活方式、人际关系等，是一个地区发展的灵魂，能够延续城市发展脉络、推动社会融合（图17）。

5.3 培育市场吸引社会资金，形成旧城更新的推动力

鹭江旧城作为宝贵的城市资源，培育市场是促进城市更新与保护的重要推动力。通过政府补助的方式积极引导、扶持产业发展，以此打响鹭江剧场文化公园片区的知名度，不断提升其产业活力、逐渐吸引集聚游客、市民。在这种情况下，尽管并没有大规模的物质建设，但是活力却在不断增加，居民自我更新的动力也在不断增强。

5.4 政府及时出台优惠政策，鼓励公众参与更新

政府在鹭江旧城的更新活化中扮演着重要角色，但有别于传统大规模城市更新中

---

① 黄耀福. 城市更新的微改造规划实践——以厦门鹭江和曾厝垵为例[D].广州：中山大学，2016.

图 16　充满活力的公共空间　　　　　图 17　和睦的邻里关系

的角色和做法。在此政府找到了鹭江老城最需要的公共空间，以此切入开展各种活动。除了场所营造提供示范与带动作用外，政府还需要协助公众增强对一个地区发展的信心，包括颁布"以奖代补"的政策支持、提供扶持产业的租金减免等，激活公众的自我更新能力。

5.5　思考

在开展工作坊的过程中，如何建立居民对未来发展的信心始终是面临的最大难题。居民长期生活在旧城，形成了对旧城环境脏乱差、基础设施落后、生活不便利等固化的不良印象。即便鹭江片区存在诸多的资源要素，但是居民往往看不到这些资源的价值；自己也缺乏转换资源的技术能力、资金能力。为了解决这个难题，除了通过广泛的座谈、对市场前景的调研分析外，也借助政府的力量，通过开展试点与政策激励，让居民增强对地区发展的信心；通过试点取得的成效让居民产生效仿的欲望，通过规划的引导逐渐培育市场。鹭江"共同缔造工作坊"只是为旧城的更新拉开了序章，我们期待未来的鹭江旧城能够发展得更好。

参考文献

[1]　李郁，刘敏，黄耀福．共同缔造工作坊——社区参与式规划与美好环境建设的实践 [M]．北京：科学出版社，2016.

[2]　中山大学，华侨大学，厦门大学，等．美好鹭江共同缔造工作坊 [R].2014，2015.

[3]　黄耀福．城市更新的微改造规划实践——以厦门鹭江和曾厝垵为例 [D]．广州：中山大学，2016.

厦门沙坡尾社区更新
——旧城海洋性聚落社区更新中的参与式规划

张若曦　刘佳燕

改革开放以来，我国进入到经济和社会发展提质转型的新时期，单纯以经济增长解决城市发展问题的传统模式已无法适应社会发展的需求。城市空间作为实现国家治理能力及治理体系现代化的重要载体之一，将城乡规划的编制内容与群众共识相结合，将城乡规划的实施过程与群众行动相联系，这是以规划推进城市治理的有效途径。旧城社区位于城市核心地区，最具本土文化及社会特性，同时也是城市社会、经济和文化问题最为复杂的区域之一，如何在社区治理的视角下进行旧城社区的空间构建及发展规划，如何以参与式规划方法有效地推进旧城社区更新，是本实践的核心研究议题。

厦门市位于福建省东南沿海，明代至今积淀了浓厚的海洋文化、海洋性聚落的城市肌理及社会特征，同时在漫长的开埠通商历史中，受到商贸人群往来及多元文化的影响，成为一座融合多元人群的移民城市，并逐步形成了包容、自由而开放的社会氛围。在快速的城市建设及拓展下，厦门岛内在进入21世纪以来建设用地趋于饱和，逐步进入存量发展阶段。目前，许多旧城社区发展存在着诸多瓶颈，如城市肌理破坏严重、房屋产权错综复杂、设施环境拥杂落后、支柱性传统产业衰落、低收入及外来人群集聚等，为旧城更新带来极大考验。与此同时，原有的以征地拆迁为主的城市旧城改造模式在经济、文化、社会和政治上均面临着巨大的压力与困境，如何以解决问题为导向、以"微更新"整治为切入点，通过凝练社区发展共识与动力的创新社区更新规划方法来推进旧城复兴，带动功能置换及新的经济增长，是当前厦门旧城社区更新中的共同诉求。

作者简介：张若曦，厦门大学建筑与土木工程学院城市规划系助理教授，博士；
　　　　　　刘佳燕，清华大学建筑学院城市规划系副教授，博士。

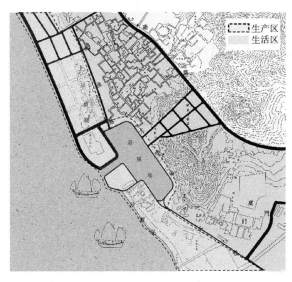

图1　20世纪30年代初
沙坡尾片区功能分区

　　本文聚焦的沙坡尾社区是厦门旧城中典型的海洋性聚落，这是一种人类利用海洋资源而形成的独特的社会空间形态，浓缩了从古至今沿海居民的渔业生活特征、社会结构、特色文化及聚落空间。在众多的沿海城市中，此类社区在城市发展中不可避免地面临着传统渔业消亡、物质空间更新及社会关系再造的变革与挑战。

1　社区概况及发展历程

　　沙坡尾社区[①]隶属于厦门市思明区厦港街道，位于厦门岛西南滨海沿岸，三面环山、一面向海，西侧与鼓浪屿跨海相对，东侧毗邻厦门大学和南普陀寺，自清末开始便基于天然避风湾的有利地形而成为军事要塞及商贸前沿，因而也被广泛地认为是厦门港的发源地。20世纪30年代依照地形修建避风坞后，沙坡尾进一步奠定了近现代典型的海洋性聚落形态的雏形（图1）：以大学路、民生路（后改名为民族路）为界，南侧生产区遍布造船厂和30多种与造船和渔业相关的手工业，北侧生活区主要为鱼市场、商业街市和居民区，渔业商贸繁盛多年。1949年，沙坡尾进一步发展远洋渔业，相关加工产业链在此蓬勃发展。

　　600年的历史积淀使沙坡尾社区留下了深厚的海洋渔港文化的烙印，然而在社会、经济的快速变化下，这种围绕渔业而生的聚落与现代城市社区的生活形态及经济发展

---

① 本研究所指的沙坡尾社区并非行政辖区单元，其范围为在历史发展中受渔业影响而逐步形成的沙坡尾海洋性聚落社区的边界范围，包括行政辖区中的沙坡尾社区、蜂巢山社区等，在本文中均以"沙坡尾社区"作为实践研究地的简称。

之间的矛盾愈加凸显。2003 年，为了解决旧城的交通拥堵困境，厦门沿西南海岸建设了海面高架桥，使得大型渔船无法进入沙坡尾避风坞。与此同时，政府宣布此处不再承担大型作业渔船的停靠，渔港功能转移，随后相关的渔业工业也相继搬迁。此后，随着近海渔业资源的逐年枯竭，厦门中心城区的沿海渔港在近年来均逐步走向没落，渔民陆续上岸转岗。沙坡尾避风坞由于仍有本地小型渔船停留，一时间成为厦门岛中心城区最后的避风渔港。

然而，由于多年的渔业生产作业，避风坞港池内淤泥堆积严重并散发出臭味，严峻的环境污染直接对社区内的居民生活及整体发展造成影响。因此，政府于 2015 年 6 月宣布避风坞彻底退渔整改。至此，沙坡尾社区面临彻底的产业变革和新一轮社区物质空间更新的发展节点，同时应对社会和空间更新转型的机遇。

2　参与式规划的实践背景

2.1　选择参与式规划的必然性

从 2003 年至 2015 年，沙坡尾地区前后经历了多轮以物质空间改造为导向的更新规划，其中最具代表性的有以下三版：① 2003 年的更新规划 1.0，其特点为政府主导的经济开发，大拆大建的方式虽解决了经济平衡问题，却因对城市肌理破坏严重而未能实施；② 2011 年的更新规划 2.0，其特点为民间推动的社区更新，基于存量开发提出了产业更替模式，最终虽然因为政府的缺位没能实现，但推动了社区的旅游商业化迅速发展，并激发了部分群体的公众参与意识；③ 2015 年的更新规划 3.0，其特点为社区营造理念下的微更新，试图从景观提升推动旅游发展，但由于过度倾向旅游开发以及缺乏公众参与，迫于舆论压力而未能全部实施。

随着城乡规划的转型，沙坡尾的更新发展备受社会和学术界的关注。在历经了上述多轮规划之后，沙坡尾社区仍然未有改善，与此同时还面临着社区文化消失、旅游商业同质化，以及发展矛盾不断加剧的局面。在 2015 年 5 月公布、6 月执行的避风坞封闭管理公告中，政府宣布避风坞进行封闭整治，不再停泊渔船，本地渔民退渔转业。公告一经发布，引发了市民及公共媒体的强烈关注，激起社会各界围绕沙坡尾社区未来发展方向、渔民退渔后的生计去向、渔船能否回归等方面的广泛讨论。

在历次规划及"退渔事件"中，可见沙坡尾社区的利益群体诉求众多却无法有效沟通，公众参与意识高涨却无从入手。同时，暴露出公众参与的缺失能极大地影响更新规划的实施，甚至造成社区发展共识不凝聚、社区治理成效差的困境。因此，以参与式规划的形式进行沙坡尾社区的更新改造具有必然性，即鼓励市民行使公众参与的权利，引导来自不同领域的群体不同程度地积极参与到更新规划的全过程中，真正地做到"以人为本"，使规划能切实反映公众的利益和诉求。通过深入了解公众意愿，促进各利益群体广泛而深入地沟通交流，化解社会矛盾，对沙坡尾而言将是一种共治共赢的更新模式。

2.2　推动参与式规划的多元基础

（1）社区群体的自我认同

在经历了多轮规划之后，沙坡尾社区居民及相关群体开始更加关注社区更新的进程，有了主动表达意愿的想法，对社区也有更为强烈的自我认同感。与此同时，基于社区内由血缘关系、宗族关系及共同的民间信仰所构建起的紧密的社会网络关系，沙坡尾依然能保留"熟人社会"关系结构。这种在社区更新中需要努力培养的社区参与能力、传承社区文化及维护社区共同秩序的主人翁责任感，对沙坡尾社区而言是一种天然的优势，大大提高了社区多方共治及参与式规划的可实施性。

（2）政府治理机制的创新

2013 年，厦门正式启动了《美丽厦门战略规划》，初步构建了以社区治理为基础的"纵向到底、横向到边、协商共治"的特色城市治理体系。在"美丽厦门共同缔造"行动中，以"共同缔造工作坊"的形式来推动参与式社区规划，强调以公众参与为核心，以问题为导向，从"人"与"社区"的关系出发，以空间环境改造为手段，以机制体制建设为支撑，推动政府、社会组织、公众等多元主体的协商共治，从而促进社区公共环境、公共设施及公共服务的全面提升，满足公众的广泛需求并实现共同的社区发展愿景。经过多年实践，凝练出"决策共谋、发展共建、建设共管、效果共评及成果共享"的"五共"机制，确保市民的知情权、参与权、选择权和监督权，形成了厦门社会治理体系与治理能力现代化的创新模式（图 2）。

图 2　"美丽厦门共同缔造"的创新社区治理模式
（资料来源：作者根据《美丽厦门战略规划》整理绘制）

3 参与式规划的组织架构及流程

在"美丽厦门共同缔造"的政府行动背景下，为解决沙坡尾社区迫在眉睫的一系列发展问题及社区矛盾，2016 年 8 月在政府推动下，中山大学、香港理工大学、厦门大学与华侨大学组成联合规划团队，展开了以公众参与为核心、解决问题为导向的新一轮规划——"沙坡尾共同缔造工作坊"，践行"自上而下"与"自下而上"相结合的参与式社区规划模式。所谓的工作坊，即是由基层政府、居民、各利益团体、渔民、公共媒体、社区组织及公益人士等各方社区群体所共同组成的公共议事平台，增进协商沟通，促进凝练社区共识。

此次"沙坡尾共同缔造工作坊"研讨的物质空间实践核心范围为环避风坞区域，约 6.9hm²，但社会空间研究范围包括了沙坡尾海洋性聚落整体的生产及生活区域，约 44.7hm²（图 3）。经过多次协商，明确工作坊的四项核心任务包括：①开展社区营造，激发群众的公众参与意识；②解决退渔矛盾，制订渔船回归的策划方案；③增加社区活动及社区文化传播空间，改造公房作为社区文化活动场所；④制定社区行动计划，确保社区规划稳步实施。

3.1 工作坊组织架构

对于共同缔造工作坊而言，了解社区中的各参与"共同缔造"的主体、建立起参与式规划的组织架构是第一步，也是至关重要的一步。"沙坡尾共同缔造工作坊"主要包括主办者、各相关利益群体、规划协调团体、支援团体以及专家咨询团体共 5 类主体（图 4）。

①主办者：由政府机构或专业组织者承担，作为工作坊的主要推动者承担系列事宜的组织和筹办。"沙坡尾共同缔造工作坊"的主办者为厦门市思明区政府、厦港街

图 3 沙坡尾参与式社区规划的研究范围　　图 4 "沙坡尾共同缔造工作坊"组织架构

道办事处以及四校联合规划团队。其中,区政府为工作坊主要组织者;街道作为负责跟踪管理的政府机构,协助工作坊活动的筹办及成果的跟踪落实,支持规划的顺利推进与实施;联合规划团队负责组织工作坊、动员群众参与、制定规划方案及开展系列公众咨询会等公共参与活动。

②各相关利益群体:工作坊需要搭建社区各利益方之间的沟通平台,促使不同利益方能够达成共识,并以此为基础共同参与社区建设。其中,地方利益群体是不可忽视的重要参与者,工作坊的成果能否代表社区共识、是否能够顺利推行均取决于地方利益群体是否在工作坊过程中积极参与。根据沙坡尾的产权情况以及社区情况分析,沙坡尾社区的地方利益群体包括社区居民、渔民及长短期租赁户等居民群体,社区内的开发商、本地商家及机构等投资群体,以及社区内自发关注社区发展的各社会群体(图 5)。

③规划协调团体:在促进相关利益者的沟通过程中,往往需要一个客观视角的规划团队来协调处理。"沙坡尾共同缔造工作坊"的协调团体为四校联合规划团队,着力于组织开展公众参与活动,避免各利益群体仅从自身角度考虑而引起冲突或纠纷,凝聚共识,最终整合规划成果。

④支援团队:协助相关协商工作的顺利推进,确保沟通的顺利进行并保持融洽的氛围。在"沙坡尾共同缔造工作坊"中,支援团队是由社区"能人"自发组成的沙坡尾文化生态保护支援队,以及政府组建的由多方利益群体代表组成的改造提升小组来担任。

⑤专家咨询团队:主要由各领域的专家组成,包括造船专家、文史专家、规划和建筑专家等。工作坊讨论的内容往往会随着问题的深入而延伸到不同领域,特别是在考虑到规划的可实施性时,需要不同领域的专家对具体的规划编制和实施提出意见并提供技术支持。例如,涉及渔船回归问题,在考虑什么时候回归、回归哪些渔船、如何回归等议题时,需要充分了解旧渔船的具体情况,这时就需要造船专家为设计团队

图 5 相关利益者成员构成

(资料来源:作者根据共同缔造工作坊资料绘制)

补充相关知识。除此之外，社会热心群体和专家学者，如本地高校学者及民间文史爱好者等，十分关注沙坡尾社区的发展，同时有着深入研究，也可以协助工作坊更好地开展工作。

3.2 工作坊工作流程

"共同缔造工作坊"是一个不断持续的动态规划过程，而不是终极式蓝图，由大量的公众咨询讨论与一系列的主题活动组成。重点是规划师、政府、群众等多元化主体的深度参与和互动，在最大限度满足多方利益群体诉求及兼顾社区可持续发展的前提下，达成发展共识，提出新的行动计划和治理制度。

"沙坡尾共同缔造工作坊"延续了"美好环境共同缔造"行动计划中构建的创新模式，基于沙坡尾社区的特性分为筹建工作坊、开展主题活动及共建、共治、共享美好社区 3 个阶段工作（图 6）。

（1）筹建工作坊

首先，由基层政府与联合规划团队一起，针对沙坡尾社区发展问题筹组"沙坡尾共同缔造工作坊"，同时制定科学合理的活动计划及动员群众参与，以保证公众参与的质量。其中，群众参与的范围与程度是决定"共同缔造工作坊"能否顺利开展、成

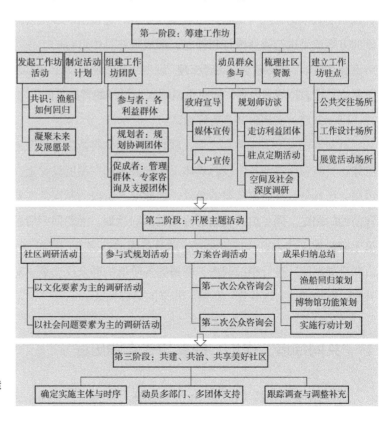

图 6 "沙坡尾共同缔造工作坊"流程

效好坏的关键。工作坊主要依靠各级政府的官方宣传、媒体消息及社区工作人员入户宣传等形式动员群众参与。规划协调团队通过走访社区利益群体，以及在社区内发放调查问卷，都是不同形式的宣传途径，有助于吸引社区居民参与。此外，在社区设置工作坊驻点并定期举办各种活动也十分重要，驻点不仅是工作坊团队会议、协商推进各项工作的办公地点，也是群众参与交流与设计的场所，更是规划工作过程中各阶段设计成果展览及组织公众咨询的活动场所。

（2）开展主题活动

工作坊组织的主题活动包括社区调研、参与式规划、方案咨询及成果归纳总结4个部分。其中，沙坡尾工作坊调研主要针对文化要素和社会问题两部分进行，具体采取的方法包括实地考察、访谈、座谈、问卷调查等。在实地调研中，着重关注社区文化要素、空间要素、社区人群活动情况等的记录和收集。在社会调研中，首先，选择社区内的文史专家、基层工作人员以及长住社区的热心居民初步了解社区的基本情况；其次，进行更大范围的问卷调查与访谈，充分了解与把握社区发展概况；最后，组织各主要利益群体进行采访，深入了解公众诉求，从而梳理各利益群体间的矛盾与问题，寻找工作的突破点。

开展参与式规划活动，是以工作坊驻点或者社区活动空间为主要场所，组织社区各群体围绕社区发展愿景与改造设计内容进行讨论，实现最终共识的凝聚。此后，联合规划团队依据社区共识制订出具体方案后，通过组织多次公众咨询会，并对上一阶段的方案成果进行协商修订和补充，形成最终具体可行的工作坊规划成果，包含社区历史脉络梳理、资源整合、问题梳理、发展愿景、规划设计、制度设计以及行动计划等，需要清楚地表达规划内容，同时也说明规划设计的背后思路。

（3）共建、共治、共享美好社区

在最终的规划方案确定之后，联合规划团队将协助基层政府明确各项计划的实施主体、实施顺序以及各阶段的具体工作内容，如在制度设计上，沙坡尾由于商业氛围浓厚，已具备成立商家联盟的条件，因此第一阶段的制度落实是推进商家联盟的成立和公约的制定。同步启动渔船的修缮及回归计划，渔船回归后的管理运营设计则作为第二阶段的工作内容。与此同时，动员各级政府多部门、社区多群体的参与和支持，由联合规划团队进行跟踪调查，并根据各阶段的群众反馈意见对方案进行及时调整与补充，逐步推动实现共建、共治、共享的美好社区。

4 "共同缔造工作坊"的参与式实践历程

"沙坡尾共同缔造工作坊"开始于2016年8月，围绕渔船回归方案、社区博物馆策划、社区发展愿景及行动计划这 4 个公众最关心的议题展开，整体工作历程包括前期调研及初步设计，以及两次公众咨询会后的方案修订及完善，共 3 个阶段工作内容。

4.1 前期调研及初步设计

联合规划团队首先深入社区进行实地调研，对社区现状和社区文化要素等内容进行采集记录。前期调研的重点是对社区空间环境、文化要素及现状业态发展情况等进行梳理，挖掘社区传统文化要素，全面了解社区发展脉络，详细了解居民群体、投资群体、管理者群体及社会群体等对社区发展的看法和愿景，找到各利益群体之间可能存在的共识和矛盾点。在此过程中，坚持"自下而上、公众参与"的缔造方法，设计以社区文化要素和以社区问题为主的走访调研、渔船调查、渔民和居民访谈、组织社区小课堂及公众咨询会等工作坊系列活动（图 7）。通过深挖公众对社区发展的看法及对解决社区问题方式的建议，实现在规划中充分尊重公众诉求，将公众意愿用规划语言表达出来，而不以规划师或政府的经验进行设计。

在实践中，以联合规划团队为纽带的工作坊为规划增添了新的方法和内容（表 1），通过实地调研、走访座谈、问卷调查等多种方式，联合规划团队与居民、政府等主体共寻发展问题，确定工作坊突破点，推进社区"再认识"，切实了解居民意见与需求，促发居民对社区事务的关注。

通过前期调研，基本形成关于沙坡尾社区主要问题和发展定位的初步共识（表 2），即沙坡尾社区应保留传统的本土生活氛围，不应成为同质化的大众旅游之地；希望进行原貌翻新，保留传统特色业态和原有的人文风情；渔船是沙坡尾的特色所在，

图 7 渔民及社区居民参与访谈
（图片来源：沙坡尾共同缔造工作坊）

应当回归，同时对其他传统文化也要进行保护和传承，如疍民文化、宗教文化、海洋文化等；此外，社区需要增加文化活动场所，对沙坡尾的历史和传统文化进行展示与传播。

前期调研阶段公众参与主要内容　　　　　　　　　　　　　　　　表1

阶段	工作内容	参与主体	参与形式	参与成果
前期调研（2016年8~11月）	"沙坡尾共同缔造工作坊"主要任务拟定	思明区政府及厦港街道办	会议	初步拟定规划目标
		联合规划团队	会议	
	社区居委会初调	联合规划团队	居委会调研+访谈	社区基本情况介绍、社区发展意见交流
		街道办工作人员	居委会调研	
		居委会工作人员	接受调研与访谈	
	社区实地调研	联合规划团队	现场踏勘、访谈	访谈纪要、社区现状情况分析、问卷收集
		沿街商铺或居民	接受访谈、问卷填写	
	渔船情况确认	联合规划团队	现场踏勘、访谈	渔船基本情况和专业技能知识掌握
		船厂师傅	接受调研和访谈	
	社区群体集中访谈	联合规划团队	访谈、问卷发放	意见征集和社区发展问卷回收
		自媒体	接受访谈、问卷填写	
		民间文化研究专家		
		渔民代表		
		居民、商户		
		游客、大学生	问卷填写、访谈	
	工作坊驻点活动	联合规划团队	组织活动	收集社区资料、收集规划意见等
		居民、商家、游客等	参与活动、提供社区资料	

社区各群体访谈意见及愿景汇总　　　　　　　　　　　　　　　　表2

访谈内容	参与主体	意见汇总	
社区发展愿景	渔民	改造保留沙坡尾的特色文化	①保持沙坡尾的原貌翻新，保留老厦港的风貌；②保留沙坡尾的特色业态，不要和曾厝垵鼓浪屿一样业态同质；③建立一个有关于"沙坡尾"的公众号，及时更新发展情况；④举办公益文化传播活动，邀请本地健在老渔民讲述渔民以及渔港的发展历史⑤可以有各种类型的渔船模型；⑥沿海木栈道沿途可设置垃圾桶和休息椅；
	居民	保留沙坡尾传统文化，进行基本的物质空间更新改造即可，社区还是以居住功能为主	
	自媒体		
	民间文化研究专家	梳理沙坡尾历史发展脉络，保持历史原真性	
	游客	不要过度开发，保持原汁原味	
	商家	保留沙坡尾传统文化，进行物质空间改造，定位旅游休闲文化创意港	
	政府		

联合规划团队在此基础上，根据前期的深度分析，以主要任务为出发点，引导居民一同讨论和制订方案策划内容。总结主要问题包括：①渔船回归困难。清淤工程引发了民众对渔船回归的热议，经过对旧渔船的修复使用情况了解以及与政府工作人员和渔船管理人员的沟通，又增加了渔船回归后续功能确定与管理问题。②发展方向模糊。越来越多新事物融入沙坡尾，如小资店铺的进驻、人群多样化聚集等，但是缺乏总体发展思路。③传统文化，到底需要保留哪些，该如何保留。基于对这些问题的深入研究，四校联合规划团队分别制订方案，于2016年11月底进行交流讨论和汇总，确定方案内容包含现状总结、发展愿景、渔船回归、行动计划及博物馆功能策划5个方面，并继续完善。12月初完成初步方案设计，并制订了三个较为粗略的提案：①由区属旅游公司、渔业局、"讨海人"（即渔民，闽南语直译）协会三方协作管理渔船，协会承担维护责任，由区属旅游公司、渔业局双方监督、指导，雇佣老渔民从事维护、讲解、展示、划船和歌渔等业务。设计三大渔船回归场景，即水上博物馆、渔船展示区、亲水平台，并给出了两个不同的渔船回归方案供选择讨论。②定位渔港博物馆为厦港多元本土文化的新地标和会客厅。③制定行动计划，包括沙坡尾渔民协会计划、商家联盟计划和"沙坡尾市集"计划等。

4.2　第一次公众咨询会及方案修订

2016年12月初，工作坊召开了名为"沙坡尾的第101种可能"（寓意每个人心中都有一个沙坡尾，沙坡尾的未来可能性是由公众决定的）的第一次公众咨询会，邀请本地文史专家学者、自媒体代表、居民、渔民、本地商家、区旅游局、高校学者等社区利益群体和关心沙坡尾社区发展的各界人士共同参与（图8）。工作坊采取开放式讨

图8　第一次公众咨询会现场

论，通过"嘉宾发言与问题回收—意见总结分类—主题讨论"3个步骤进行，引导形成当前公众最关心的发展问题，并针对此问题探讨解决方案。

首先，由6位嘉宾就"沙坡尾未来发展愿景"发表看法，包括本地文史专家、规划主要负责人、开发商代表、渔民代表、自媒体代表和本地商家代表。将多方利益代表聚集在一起，进行思想碰撞，互相之间深入了解，同时在嘉宾发言期间鼓励参与者积极发表意见。其次，参与者共同对征集到的意见进行归纳分类，并确定了五大主题（图9）："沙坡尾建设需要协调各方利益""沙坡尾历史文化需要保护""渔业文化活态保护与再生""沙坡尾的范围定义"以及"沙坡尾社区营造"。最后，参与者分为的5个小组，在保证各方利益诉求可以充分表达的前提下，针对这五大主题进行讨论，构建共识。

一整天的公众咨询会结束后，社区各群体的态度有了极大改变：上午会议刚开始时，参与者纷纷展现出怀疑、观望、看热闹的姿态，甚至说话也小心谨慎，而退渔上岸的最后一批老渔民虽然悉数到场，但也都沉默不语，拒绝参与讨论发言。逐渐地，通过用不署名的彩色纸条写下观点的办法，大家提交的频率越来越高，老渔民说不识字，工作人员就协助其一一记录下来，慢慢地大家都打开了话匣子，各小组内部开始自发地热闹讨论起来。到了下午自由讨论阶段，参与者的态度明显有了很大转变，大家纷纷卸下心房，能够积极、直接地表达个人或代表群体的诉求及观点，老渔民甚至开心地唱起了渔歌，现场气氛热烈。会议结束后，参与者充分认可了规划团队的总结梳理，并表示能够参与到社区未来发展的制定中很高兴，受到了尊重，也增加了自身责任感，希望社区能够发展得越来越好。

首先是渔船回归方面，考虑到渔船修补的时间、费用及安全因素，方案提出采取修复旧船和营建新船结合的修缮方式，推动渔船回归。就公众最重视的渔民转业，以及渔船管控问题，做了进一步的制度研究和完善，提出由渔业局、区属旅游公司、渔民协会三方共同运营管理。而考虑渔船回归管理的难度与制度完善的期限不定，将渔

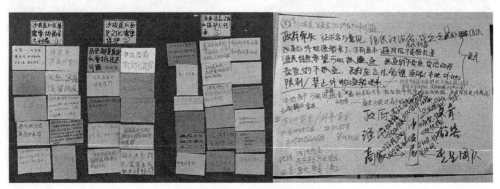

图9 第一次公众咨询会意见汇总

船的回归分为近期、远期，并据此设定不同的渔船回归功能及活动。

其次是博物馆功能方面，考虑建筑本身的空间结构，以及公众对博物馆功能的意见，调整了渔港博物馆的部分功能和活动设置，如加强水陆博物馆空间及活动上的联系，助力建成沙坡尾活态博物馆；并对博物馆功能进行适度调整，增加展示社区历史脉络及人文记忆的历史文化展览馆，以及举办文化沙龙、社区课堂系列讲座等活动的社区文艺活动区域，丰富博物馆的功能内涵，提高社区居民的参与性。

最后是体制建设方面，方案提出转变渔民生产空间，确定渔业活动从出海捕鱼变为开展休闲体验渔业，同时提出渔民身份转变为沙坡尾海港文化守护与传承者，通过旅游公司提供稳定岗位，参与到渔业导览、技艺展示、渔船维护等活动中。与此同时，方案完善了渔船管理的制度规定，确定了具体的渔民协会架构、职责以及阶段性实施的内容。对于公众较为关心的业态问题，方案提出首先优化商家联盟计划，参与社区治理，建设线上互动平台，定期开展与社区的互动，培育社区认同感，有意识地参与保护沙坡尾特色文化，逐步优化业态。

公众咨询会的最后，联合规划团队总结了大家讨论汇总的意见，并归纳为制度设计及历史文化保护两方面内容：①制度设计方面，政府牵头组织成立社区商家联盟、社区业委会等自治组织，并制造相关公约，统一协调各方利益；控制新兴业态的同质化，且制定政策保护传统服务业，考虑恢复渔业相关产业链，一定程度控制社区商业化发展；社区营造要可持续，拒绝外来文化引进；制定相关政策，对回归的渔船进行合理的管控，同时成立渔民协会，保证其与管理方就后续渔船问题进行有效的协调沟通。②历史文化保护方面，要重视并还原历史的真实性，深入研究沙坡尾历史演变过程，恢复并宣传其真正的历史；开展系列活动来传承推广渔业技艺、本地民俗民风及海洋文化（包括渔业加工产品）；制订统一规划方案来改造危房，并挖掘街巷内部的风貌建筑；海洋文化传承保护应以渔民为主，建成活态博物馆而不是"毫无生机"的博物馆。

4.3 第二次公众咨询会及总体完善

2017 年 3 月初，规划成果修订完成之后，工作坊举行了第二次公众咨询会，在社区工作者的协助下邀请社区各群体的广泛参与。此次参与到场的人员较第一次人数更多、范围更广，包括思明区旅游局代表、渔业局代表、街道主任、社区居民、渔民、本地文史专家、公共媒体、高校学者、本地商家及开发商等（图 10）。会场中设置了规划方案成果展板，在会前供参与者了解方案，由联合规划团队进行现场解答。参与者在经历了第一次咨询会后，明显对这次会议有了很强的信心和期待，一开始即进入状态，认真听取联合规划团队逐一汇报各部分规划方案，并进行记录，汇报结束后公

图 10　第二次公众咨询会现场

众针对具体的方案内容提出问题和看法，由规划师进行解答，并和与会各群体一起讨论、修订，最终达成共识。

　　根据方案咨询会达成的共识，联合规划团队对方案进行了最后的调整和修改，并与政府商定各项计划的实施顺序，自此"沙坡尾共同缔造工作坊"正式完成阶段性任务。根据社区的需要，厦门大学团队后续负责继续跟踪渔船回归、社区系列活动举办以及渔港博物馆的建设事宜，并根据实际情况和公众意见适当调整方案，持续助力社区的和谐共治发展。

　　工作坊的参与过程，使一批热心于社区事务的居民在潜移默化中掌握了一定的规划常识。以此为基础，通过课程培训、项目指导等方式，培育社区规划师，形成可持续的基层规划力量。工作坊要求政府、规划师、社会学者、群众等多方共同参与，在规划过程中促使各方之间建立起良好的合作关系和沟通机制，促成政府与群众、群众与群众之间的和谐关系，充分发挥各方的智慧，融合多方的价值观，从长远角度来看，将有效促进城乡规划的稳定实施。

5　经验总结与评价

5.1　规划展望

　　"沙坡尾共同缔造工作坊"的第一阶段任务是基于渔业转型梳理"人—空间—制度"之间的关系，现阶段的参与式规划工作过程及成果仅仅是任务的阶段性小结。目前，社区内仍存在着许多尚未沟通解决的问题有待进一步讨论，其中最核心的两个共识：一是进行文化场群的营建，二是进行规范业态的引导。针对前者，需要政府、个人及团体组织的共同努力，推动不同规模、不同内容、不同文化面向的文化空间营建，此外还需要政府针对民间的空间建设及运营提供政策支持及经济补助，具体有待进一步深入论证。针对后者，则是在保护传承社区特色文化的基础上，培育具有文化性内涵的业态类型，与此同时，制定有效的制度对非优质业态加以管控，如影响环境的烧烤小吃，以及不能体现本地文化属性的旅游消费品售卖等。随着共同缔造工作坊的社区影响力不断提升，在政府、规划师、社区居民的共同努力下，未来可以将参与式社区规划继续开展下去，推动沙坡尾社区的可持续发展。

5.2 经验总结

物质空间的衰落不是沙坡尾社区最主要的发展瓶颈，因此参与式规划的核心落脚点不是发动居民一起改造社区环境、简单地增加公共空间，更重要的是社会关系的再造。作为海洋性聚落社区，沙坡尾拥有深厚的历史积淀及多元的文化交融，在社区中营造出复合文化的魅力；同时，由于位于旧城的核心区域，经济发展的带动、更新转型的变革也使社区内部产生了复杂多样的社会关系与利益诉求。因此，对于沙坡尾社区而言，以往仅仅聚焦空间改造或产业升级的旧城更新模式是不够的，更需要通过公众参与的方式来逐步解决社区发展问题。基于对本次参与式社区规划实践的总结，可以获得以下经验和启示。

（1）规划需要全程进行有效的公众参与

参与式规划必须保证全过程的公众参与，从规划前期调研到规划决策实施，都需要组织公众一起参与到规划中，鼓励公众表达自己的意愿和想法，从而了解公众所需要的规划是什么，使规划更贴合社区群众。沙坡尾社区之前的几次更新规划无法很好地实施，甚至一度引起社区内的负面评价，其主要原因就在于缺乏全面有效的公众参与，以至于各利益群体在规划实施前没能进行有效沟通，同时也由于没有互相理解的渠道，因而可能进一步产生多方对立关系，引发矛盾。工作坊在入驻沙坡尾时，首先通过访谈、问卷等形式了解各利益群体的诉求，寻找解决矛盾的突破点——渔船回归，然后以此为突破口，组织多次各利益群体共同参与的咨询会，鼓励其互相交流沟通，不断讨论和分享彼此的想法，互相理解尊重，最终由对立关系走向互利共赢。在保证环境整洁、不受污染的情况下，渔船重回避风坞，既解决了环境整治和推动更新的诉求，又实现了社区传统文化的保护传承，满足居民群体、从业群体、管理方、投资方等各类群体的需求。因此，对于像沙坡尾这样社会关系复杂、各方利益矛盾冲突较大的社区，通过全面有效的公众参与，不断给公众制造沟通交流的机会，进行思想上的碰撞、冲突和融合，最终达成一致共识，是推动社区更新发展的有效途径之一。

（2）设计不同程度和内容的公众参与方案

在参与式社区规划中，规划师有了更复杂的职责要求，需要组织开展公众参与，引导各利益群体进行沟通交流，引导居民参与规划制定。与此同时，在面对不同社区需求和不同社区参与现状时，还应制定不同的参与方案，组织开展各种形式的社区活动。

在正式开展工作之前，规划协调团体要先详细了解社区公众的参与现状，再根据规划任务，循序渐进逐步引导公众参与。前期调研阶段可以开展全面、多样化的公众参与形式，收集社区信息和公众意愿，调动公众参与积极性的同时为社区规划制定方向。规划制定过程中，需要组织设计多次大型公众咨询会，参与人员包括社区多方利益群体、联合规划团队、政府工作人员等，鼓励公众对规划内容进行讨论甚至参与设计，达成一致的社区发展共识。"沙坡尾共同缔造工作坊"从前期调研开始，通过访谈、座谈会、问卷调查等形式收集社区信息和公众意愿，挖掘社区资源。到方案设计修改期间，组织筹办了两次大型公众咨询会，就社区发展愿景和规划方案听取公众的意见并修改，让公众参与规划设计的每一个细节内容，成功推动了后期规划的有效实施。

（3）公众参与需要政府的推动

在我国的政治体制和法律规范背景下，要在规划过程中推动全面有效的公众参与，离不开政府的支持和协助，借助行政手段鼓励和推动公众参与，注重社区自治组织的培育。从思想上，管理群体不能因追求便捷而放弃复杂繁多的参与过程，需要认识到规划中公众参与的必要性，理性接受并积极推动其开展；行动上，要加强公众参与实践的学习和研究，学会引导组织公众参与的有效进行，并提供相应的财政经费；从职能上，需要转变"大事小事事事抓"的大家长做法，适当进行职权下放，培育社区自治组织解决社区自己的问题。沙坡尾社区规划一系列活动的开展，离不开各级政府管理人员对公众参与的积极引导，以及在政策和经济上的全力支持。事实上，"美好环境与和谐社会共同缔造"的愿景并非依托群众自愿即可实现，也并非规划师一厢情愿所能促成，而是需要政府与群众共识的支持。

（4）参与式社区规划是一个长期的过程

由于不同社区的文化背景不同，一般而言规划团队需要较长的时间慢慢熟悉社区，与居民接触，获得其信任，无形中延长了社区规划的开展。每一次的社区规划都是针对社区问题而展开，在发展的不同阶段，社区中会出现各种各样的问题，这是规划无法预测的，因此参与式社区规划应该是一个长期的可持续发展的规划，而不是一张终极性的蓝图规划。"沙坡尾共同缔造工作坊"的阶段性任务完成并不是结束，而是参与式社区规划的开始，后续还有很多社区发展问题需要逐步展开。因此，规划师在参与式社区规划的过程中，激发社区居民的自主参与意识，协助培育社区自治组织，并搭建好公众参与平台，拓展参与空间至关重要。当遇到问题居民能够自主协调、自发去改善时，社区社会建设才算达到了目的。

（5）在地社区规划师的培育十分重要

在工作开展中，逐渐意识到培育在地的社区规划师十分重要。培育社区能人成为在地社区规划师，不仅可以发挥其丰富的社区社会关系网络的优势，同时他们也能够起到必要的沟通桥梁作用，可以在遇到规划实施困难时，与规划协调团体一起调整规划方案，从而促进规划持续有效进行，真正实现"以人为本"的规划。规划协调团体在开展参与式社区规划时，不仅需要较强的专业性，同时还需要较好的沟通能力、管理能力和组织协调能力。需帮助社区搭建公众参与平台，面向社区开展规划知识讲座，对在地社区规划师进行培训，用简单易懂的方式让社区群体理解规划的内容，参与规划协调及设计，并协助居民将意愿用规划语言表达出来。厦门大学团队作为联合规划团队中的在地组织，在调研访谈中承担了必要的协调、沟通甚至是方言翻译的角色；在工作坊期间，团队每日驻扎在社区，推进社区调研，与居民建立了良好的信任关系；在工作坊结束之后，持续跟踪社区更新，推动社区规划师的培育与长期的参与式社区规划的开展。

5.3 不足与反思

尽管"沙坡尾共同缔造工作坊"实践取得了较好成效，但仍有不足之处，有待改进。

（1）参与对象及参与形式仍然有限

从参与对象上来说，沙坡尾社区的业主群体参加人数较少，导致公众参与仍具有一定的局限性。从参与形式上来说，以访谈、问卷、公众咨询会以及社区活动为主，虽然与传统规划中的参与形式相比已有很大进步，但仍需拓展各种富有创意的方式来吸引居民参与。例如，未来计划可以通过开放的公共空间举办社区微改造体验，利用模型让居民参与拼搭"心中的沙坡尾"，组织举办"最美沙坡尾"寻宝活动，以及了解居民心中"最珍惜的沙坡尾"等。在丰富参与形式的过程中，不断吸纳更多社区群体参与，从而扩大参与对象的范围。

（2）培育社区自治组织方面，仍有进一步发展的空间

参与式社区规划是一个具有复杂性和长期性的规划，是一个动态的规划发展过程。为保证社区规划的持续性，必须培育出社区自治组织，建立完善的公众参与的自主机

制进行推动。在"沙坡尾共同缔造工作坊"中，目前已经组建了党建引领、商家联盟参与的沙坡尾文化生态保护志愿队，形成自治公约，并开展了一系列志愿者活动，取得了一定成效。未来还可进一步成立业主委员会、社工机构等社区自治组织，社区内的多元共治机制有待进一步完善，否则公众参与在脱离了政府和规划师的引导与组织下，无法自行开展，一旦出现社区发展问题，社区居民仍难以凝聚共识。

（3）管理机制仍需创新完善

管理机制的完善与否决定了社区运营能否可持续发展。一个完善的管理机制的出台，可以让社区在没有外部专业团队的干预下持续正常运营，并在发现问题时通过机制自主解决，这是形成社区自治的基本要素。在联合规划团队制订的渔港博物馆建设及运营方案中，提出以政府主导并监督实施、民间团体负责日常运营的共建机制方案，由于社区自治组织和公众参与体系未完全构建，目前仍处于讨论阶段。因此，推动社区自治组织及民间志愿团体的体制构建还有很大的完善空间。

参考文献

[1] 陈复授. 厦门疍民习俗 [M]. 厦门：鹭江出版社，2013.

[2] 程勤. 厦门市厦港旧城社区公共空间研究 [D]. 泉州：华侨大学，2014.

[3] 高媛. 非正式更新模式下的旧城区更新研究——以厦门沙坡尾规划为例 [J]. 城市，2013（9）：53-55.

[4] 黄耀福，郎嵬，陈婷婷，等. 共同缔造工作坊：参与式社区规划的新模式 [J]. 规划师，2015（10）：38-42.

[5] 李郇，黄耀福，刘敏. 新社区规划：美好环境共同缔造 [J]. 小城镇建设，2015（4）：18-21.

[6] 李郇，刘敏，黄耀福. 共同缔造工作坊——社区参与式规划与美好环境建设的实践 [M]. 北京：科学出版社，2017.

[7] 李郇，费迎庆，张若曦. 沙坡尾共同缔造工作坊研究报告 [R]. 2017.

[8] 林娜. 基于文化生态学视角下厦门沙坡尾旧城保护更新研究 [D]. 泉州：华侨大学，2016.

[9] 刘玉晨，吉世虎. 基于佩纳 PS 策划理论的旧城更新定位研究——以厦门沙坡尾片区为例 [J]. 福建建筑，2016（6）：22-26.

[10] 江曙霞. 厦门市志 [M]. 北京：方志出版社，2004.

[11] 欧阳邦 . 旧城历史地区城市发展与更新初探——以厦门沙坡尾地区为例 [J]. 安徽建筑, 2017（3）: 4-6.

[12] 王蒙徽，李郇 . 城乡规划变革：美好环境与和谐社会共同缔造 [M]. 北京：中国建筑工业出版社, 2016.

[13] 张敏 . 厦港沙坡尾船坞周遭海洋性聚落形态变迁 [D]. 厦门大学, 2013.

[14] 张若曦，兰菁，喻苏婕 . 厦门旧城海洋性聚落社区沙坡尾的历史变迁与空间再生产 [J]. 北京规划建设, 2018（5）: 57-62.

[15] 左进，黄晶涛，李晨，等 . 市场配置下城市传统社区更新的规划转型——以厦门沙坡尾社区为例 [J]. 西部人居环境学刊, 2014（5）: 48-52.

社会组织支持

上海社区花园
——参与式空间微更新

刘悦来　尹科娈　许俊丽　魏　闽　范浩阳

20 世纪 90 年代以来，中国快速城市化进程带来了大规模高强度的空间开发和生产，大面积单一的功能区和大体量的规划项目使城市逐渐失去多样性。高密度城市由于人口密度高以及城市建设用地扩张速度快，暴露出土地、能源、交通、环境等问题[①]。缺失的绿色空间、严重的环境污染以及快速的城市节奏影响着人们的生活方式、环境感知和身体健康，而人类对自然的渴望缘于本性，长期远离自然的市民们需要在自然环境中缓解生活压力，提高身心健康。当快速建设的绿地增量骤减，存量土地优化和因资源不均衡带来的衰败地区的更新成为城市建设面临的重大挑战[②]。从国际经验来看，如何提升公共空间品质并复合使用，调动社区民众的积极性共同参与设计营造维护管理，是当前都市空间发展与社会治理的主要任务[③]。

2015 年 12 月 20 日至 21 日在北京召开的中央城市工作会议明确指出：城市工作要把创造优良人居环境作为中心目标，努力把城市建设成为人与人、人与自然和谐共处的美丽家园；要统筹生产、生活和生态三大布局，提高城市发展的宜居性；要增强城市内部布局的合理性，提升城市的通透性和微循环能力；要强化尊重自然、传承历史、绿色低碳等理念，将环境容量和城市综合承载能力作为确定城市定位和规模的基本依

作者简介：刘悦来，城市规划与设计博士，同济大学建筑与城市规划学院景观学系学者，上海四叶草堂青少年自然体验中心理事长；
　　　　　尹科娈，园艺学硕士，上海四叶草堂青少年自然体验中心研究专员；
　　　　　许俊丽，生态学博士，上海四叶草堂科研助理；
　　　　　魏闽，建筑学博士，国家一级注册建筑师，朴门永续设计专业认证教师；
　　　　　范浩阳，泛境设计合伙人，国家一级注册建筑师。

① 李敏，叶昌东.高密度城市的门槛标准及全球分布特征[J].世界地理研究，2015，24（1）：38-45.
② 刘悦来.社区园艺——城市空间微更新的有效途径[J].公共艺术，2016（4）：10-15.
③ 刘悦来.中国城市景观管治基础性研究[D].上海：同济大学，2005.

据；城市建设要以自然为美，把好山好水好风光融入城市。

上海作为我国高密度城市的代表，近年开始探索在放缓城市扩张速度以及中心城区开放绿地空间增量骤减的情况下，如何实现高密度城区的环境宜居和可持续发展。2014 年底开始，上海率先在社会建设领域进行改革，其中市委"一号课题"成果《关于进一步创新社会治理加强基层建设的意见》和涉及街道体制改革、居民区治理体系完善、村级治理体系完善、网格化管理、社会力量参与、社区工作者等 6 个层面的配套文件（简称"1+6 文件"），是社会建设领域的纲领性措施，明确了社区自治的基调。2015 年，上海市政府发布《城市更新实施办法》，旨在"适应城市资源环境紧约束下内涵增长、创新发展的要求，进一步节约集约利用存量土地，实现提升城市功能、激发都市活力、改善人居环境、增强城市魅力的目的"，从制度层面拉开了城市更新的大幕。《上海市国民经济和社会发展第十三个五年规划纲要》提出，"十三五"期末建设用地总规模不突破 3185km^2，2015 年上海全市建设用地总规模达 3145km^2，意味着建设用地增量只有 40km^2。新常态下的城市空间规划，存量土地更新优化成为城市更新发展的主要方式。

在这样的背景下，上海各区政府和基层政府启动了不同名称的空间更新与社会治理行动，规划与土地系统 2015 年起开展了系列公共空间微更新行动[1]。与此同时，作者团队倡导的社区花园（Community Garden）系列微更新与社区营造相结合的实践也逐渐开始被公众、被基层政府所接受[2][3]。自 2014 年开始至 2018 年 8 月，上海社区花园系列营造已经完成了 40 个项目点，并初步形成了以社会组织为纽带，链接社区自治组织、志愿组织、企业团体的力量，形成与政府职能部门的合作伙伴关系，充分发挥政府、企业和民众的积极力量。社区花园植根于邻里生活，将田园自然回归城市社区，以公共空间的改善促进居民生产自治的能力和社会交往，打破邻里之间的隔阂，提升街区活力，不失为社区营造的有力途径，已经成为社区空间活力之源与和谐社会治理的重要支点[4]-[6]。

① 马宏，应孔晋. 社区空间微更新上海城市有机更新背景下社区营造路径的探索[J]. 时代建筑，2016（4）：10-17.

② 刘悦来，尹科娈，魏闽，等. 高密度城市社区花园实施机制探索——以上海创智农园为例[J]. 上海城市规划，2017（2）：29-33.

③ 刘悦来，尹科娈，魏闽，等. 高密度中心城区社区花园实践探索——以上海创智农园和百草园为例[J]. 风景园林，2017（9）：16-22.

④ 阳建强. 城市中心区更新与再开发——基于以人为本和可持续发展理念的整体思考[J]. 上海城市规划，2017（5）：1-6.

⑤ 刘佳燕，谈小燕，程情仪. 转型背景下参与式社区规划的实践和思考——以北京市清河街道Y社区为例[J]. 上海城市规划，2017（2）：23-28.

⑥ 刘悦来，魏闽. 共建美丽家园——社区花园实践手册[M]. 上海：上海科学技术出版社，2018.

1 社区花园：定义和发展

社区花园是社区民众以共建共享的方式进行园艺活动的场地，其特点是在不改变现有绿地空间属性的前提下，提升社区公众的参与性，进而促进社区营造。社区花园的概念起源于欧美，是城市绿地的组成部分，通常是将闲置土地分割成小块租借或分配给个人和家庭用于种植蔬果[1][2]。经历过 19 世纪末期粮食短缺、失业危机、通货膨胀，到 20 世纪末期城市环境问题、城市更新和社会运动高涨的各个阶段，社区花园已从最初的基本生活保障的食用功能转型为社区营造的空间载体。面对现阶段我国存在众多社会问题，党的第十九次全国代表大会特别强调，我国社会主要矛盾已经转化为人民日益增长的美好生活需要和不平衡不充分的发展之间的矛盾，人民美好生活需要日益广泛，不仅对物质文化生活提出了更高要求，在民主、公平、正义、安全、环境等方面的要求也日益增长。在此背景下，社区花园成为让民众参与城市公共空间管理的途径之一，也成为让城市回归日常生活的"抓手"[3]。

虽然社区花园的概念来自于欧美，但其倡导的都市田园生活并不是舶来品，而是植根于中华民族传统农耕文化中对理想诗意生活的向往和期待。数千年来，中华文明所孕育的城市人对自然的热爱和对田园生活的向往，也是中华人文思想的延续和传承。传统的农耕文化对当代的城市生活产生着潜移默化的影响，社区花园作为都市农业在社区中的表达，是对自然和乡愁的记忆追寻、对传统的认同和回归[4]。

2 案例分析

2014 年 12 月上海"四叶草堂"组织在宝山区一条废弃的火车轨道边建成第一个专业组织运作的社区花园，2016 年 6 月培育出第一个住宅小区内的居民参与的社区花园，2017 年获得超过上海九个行政区支持，以政府购买社会组织服务的形式，建成 40 个社区花园。发展至 2018 年初，逐步形成了四级结构：一级是首发的专业组织运作的社区花园；二级是逐步培育出的居委会主导、居民参与的社区花园；三级是在示范基地影响和指导下居民自组织的社区花园；四级是社会广泛参与的城市种子漂流活动。

① 钱静. 西欧份地花园与美国社区花园的体系比较[J]. 现代城市研究，2011，26（1）：86-92.
② 刘悦来，范浩阳，魏闽，等. 从可食景观到活力社区——四叶草堂上海社区花园系列实践[J]. 景观设计学，2017（3）：72-83.
③ 王承慧. 走向善治的社区微更新机制[J]. 规划师，2018（2）：5-10.
④ 唐燕. 中国式乡愁——农耕时代城市中的农作要素[J]. 规划师，2015（9）：138-142.

（1）专业组织运作的社区花园

由"四叶草堂"组织直接进行日常运作，以"火车菜园"和"创智农园"为代表的综合性社区花园，面积在2000m²以上，功能复合程度较高，具有较为前沿的运作理念和较为专业的人力付出。对于在地社区而言，具有种植、儿童自然教育、社区公共客厅和文化空间的复合功能，成为社区营造的示范性基地；对于上海绿色自治地图整体版图而言，承担了社区营造项目培训、孵化社区自组织的角色功能。

（2）居委会主导、居民参与的社区花园

由专业组织培训，在地居委会主导及部分出资，居民参与的社区花园，面积在200m²以上，旨在激发居民互动和对社区公共事务的参与度、积极性。此类社区花园现有40余处，建成地多为老旧小区，设施较为陈旧，居民以老年人为主，社区花园作为社区参与的空间载体，由居委会发动党员和楼组长带动其他居民，承担花园日常维护、活动组织的工作。

（3）居民自组织的社区花园

在专业组织指导和示范下，由在地居民自行设计、自发建设、自我管理的社区花园。此类社区花园现已超过300余处，一般面积较小，成本较低，但是在地居民建园护园的自发性、主动性、积极性较高，后期维护运营效果较好。具体由社区园艺爱好者聚集成群，由专业组织指导，街道政府授权、划地或自家门前展开实施，并不断吸纳社区其他居民逐步壮大，显著改变社区生活环境，更重要的是居民付时付力、自主维护、合力监督，并实现在地归属感、自豪感的提升，以及在人与人之间互动基础上邻里矛盾、社区事物的协商精神的变化。

（4）"城市种子漂流"行动

市民通过与专业组织线上或线下的互动获得相应的种子和工具并尝试在公共空间种植的活动，参与人数众多，辐射面域广，旨在向未来的支持者传递社区自治、公众参与理念，增加陌生城市中人与人之间的联系和温情。以"郁金香种球"项目为例，2017年9月，"四叶草堂"组织对荷兰大使馆赠送的5000枚郁金香种球发起了认养行动，500份被认养郁金香的种子（3~50枚不等）中有80份被种植在公共空间中，活动收到超过500份种植照片反馈，同时开展郁金香主题的儿童自作美术作品的展览和义卖，包括自闭症儿童在内的1160余人直接参与相关活动。

关于社区花园的分类，目前尚没有统一标准。根据土地性质和空间使用可划分为街区型、住区型、校区型、园区型及其他类型；根据主体用户对象不同可划分为疗愈花园、银发乐园、儿童花园、五感花园等；根据用地规模可以划分为大、中、小型社区花园；根据组织发起性质可以分为有组织的自上而下型以及公众自发的自下而上型。"四叶草营"组织目前在上海高密度城区已参与协助完成的40个社区花园，广泛分布在街区、住区、学校、园区以及商业楼宇屋顶等。本文主要选择同在上海市杨浦区的由企业支持的公共开放街区型"创智农园"和由街道支持的住区内部自治型"百草园"作为典型的案例，以对比分析"公"与"私"的公共空间下社区花园在参与主体和发展概况方面的异同点，来探讨在当下中国高密度中心城区中的社区花园营造策略。

2.1 "公"与"私"的社区花园决策期

社区花园的建设目标是让城市居民参与到公共空间的建设中，拉近人与人、人与自然的关系，避免传统资本为导向的绿地景观建设。公共开放街区型社区花园适用于由政府或者企业出资、位于城市开放街区中的社区花园，拥有更大的面积、更复合的功能；住区内部自治型社区花园适用于由街道出资或者社区自筹、位于居住小区内部的社区花园，拥有更高的居民参与性和自治性。

2.1.1 "创智农园"

"创智农园"（图1）占地2200m²，位于上海市杨浦区五角场街道创智天地片区，邻近上海四大城市副中心之一五角场商圈，"创智农园"东侧是江湾翰林住宅小区，西侧是和上海财经济大学老旧小区相隔的围墙边界，南侧紧邻时尚的大学路和办公居住一体化的SOHO社区创智坊，北侧是正在建设的复旦管理学院，场地拥有丰富的商业和人口多样性。"创智天地"规划占地0.84km²，由杨浦区政府联合香港瑞安房地产集团建设，投资规模100亿元，建成后总建筑面积100万m²，形成以信息产业为主的高新技术产业集群。2015年前后，杨浦区政府在双创背景下提出将"创智天地"园区延伸扩大成为"大创智地区"，带动周边区域的共同发展。在"大创智"的规划当中，"创智农园"所在地块被纳入到重点"绿轴"的建设中。"绿轴"以锦建路大学路作为起点，向北穿过"创智农园"地块延伸到三门路，而这条"绿轴"上首先作为切入点改造建设的选址就是"创智农园"的位置。这块土地规划性质为街旁绿地，因所处地块下有重要市政管线通过，未得充分利用，成为临时工棚和闲置地。2016年杨浦科创集团和瑞安集团借助"大创智"的开发机会将其再利用，并将其定位为"社区互动空间"，通过招投标的形式选择与自己理念相吻合的"四叶草堂"团队进行景观改造和社区营造，使"创智农园"成为上海市首个位于开放街区中的社区花园（图2、图3）。

农园的建造体现了公众参与的不同维度：从社区企业设计师创作的墙面涂鸦，到复旦同济学生以及周边居民个人志愿参与建造，再到社区花园展中源自园艺、景观、设计、空间创意、社区服务类单位或个人打造各具特色的迷你花园，农园利用

图1 "创智农园"区位
（图片来源"四叶草堂"）

图2 "创智农园"鸟瞰图
（图片来源："四叶草堂"刘悦来）

图3 "创智农园"日常景观
（图片来源："四叶草堂"刘悦来）

充满活力的街区属性,将更多的力量召集起来改造社区的"边角料"[1]。日常运维中,社会组织着力进行社区营造活动,多方链接资源,借助公众关心的议题,在高校、企业、政府和居民之间搭建沟通的平台和激发参与的兴趣,努力培育社区自组织,服务社区。图4呈现了"创智农园"目前比较具有居民参与性的活动分布图,涵盖了社区营造和自然教育等众多内容,赋予社区花园既相互关联又保持差异联系的生命力。

2.1.2 "百草园"

"百草园"（一期）占地 $200m^2$,位于上海市杨浦区四平路街道鞍山四村第三小区内（图5）,此小区为20世纪50年代建设的密集型居住区。"百草园"作为同济大学景观学系和杨浦区四平街道联合建设的景观提升与社区营造基地,由街道出政策和在

---

① 邹华华,于海.城市更新：从空间生产到社区营造——以上海"创智农园"为例[J].新视野,2017（6）：86-92.

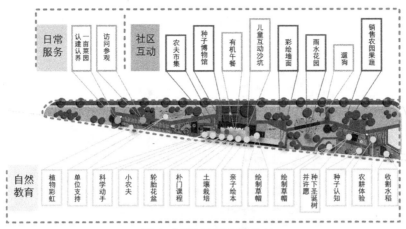

图4 "创智农园"活动分布
（图片来源："四叶草堂"）

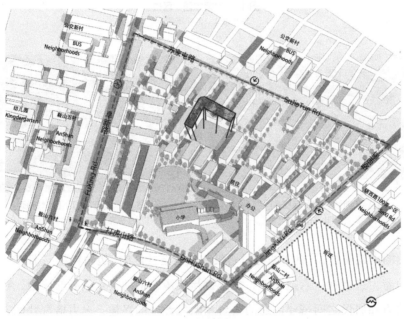

图5 百草园区位
（图片来源："四叶草堂"）

初始建设期提供资金支持，居委会组织引导，同济大学景观学系设计指导，社会公益组织四叶草堂提供培力支持，以居民参与共建共享的形式进行营造和管理。

场地选址在鞍山四村第三小区主要有如下几点考虑：

（1）公共活动空间缺乏，质量较差：鞍山四村第三小区的人均公共绿地面积为2.23m²，中心广场缺少活动空间组织，造成绿地被踩踏损坏，维护状态差。

（2）小区老龄人口比例高：鞍山四村第三小区总人口6800人，其中60岁及以上老年人占比23.5%，多数为20世纪单位分配的小户型住户。虽然有不少租房居民，但人口关系较为稳定，长期邻里关系和谐。

（3）小区自治基础较好：居委会组织能力较强，社区内已经存在园艺自治社团组织[①]，小区园艺爱好者较多，传统农业文化和家庭园艺的兴趣习惯在小区里的阳台、入户绿地中能看到不少痕迹。

百草园的用地性质为居住区附属绿地，为小区业主共有产权。在设计之初，团队充分征求社区居民意见和建议，以民意为本。设计过程中通过多次组织工作坊，特别是儿童参与的"小小景观设计师"活动，从儿童友好视角进行构思。从图6百草园建造前后的景观对比图可以看出，老旧社区中常见的闲置荒地在居民参与的过程中转变为友好型社区花园。在营造过程中，社会组织通过培力支持，在整形、培土、撒种、扦插、覆盖等环节中注重社区参与，历时30天，共计超过300人次的居民参加实施活动。图7是百草园营造过程中社区亲子家庭共同参与的厚土栽培。

图6　百草园建造前后景观对比
（图片来源："四叶草堂"刘悦来）

图7　百草园营造过程
（图片来源："四叶草堂"刘悦来）

目前，百草园以长者为主的"芳邻花友会"和以幼童为主的"小小志愿者团队"两个自治组织正在逐渐形成规范化的制度体系，在建立社区协商议事机制、监督执行和制定评价效果标准等方面还需要更长时间的实践探索。"花友会"在百草园营造中发挥着关键作用，会长梳理了会员名单，统计每个人的空闲时间，结合他们各自的特色特长以及各个施工阶段所需要的主要能力，制作出施工排班表，组成了浇水施肥组、捡拾垃圾组、整理花园组等。花园的开放动工以及"花友会"的号召，带动了更多小朋友和成年人的共同参与。没有施工经验的居民花了一个月的时间建成了施工队，不到一星期就完成了百草园。大家普遍反

---

① 该园艺自治社团为"芳邻花友会"，成立于2015年，由一群爱好园艺的社区居民组成，相互分享交流自己的园艺养护种植经验。截至2017年底，有成员40人。

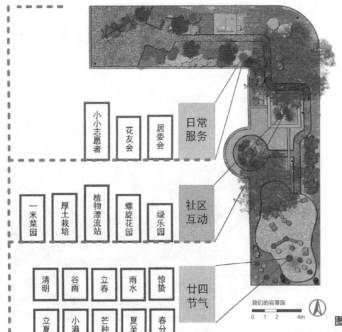

图8 百草园活动分布图
（图片来源："四叶草堂"）

应参与的意义远比效率的价值重要。小小志愿者建立微信群讨论花园值班、大妈广场舞空间矛盾、社区养狗等问题，这些超越花园空间的讨论，更是加深了孩子们对社区以及社会的责任感。图8呈现了百草园一老一少自组织的活动分类和分布。

2.2 社区花园的共同设计与建设

上述两种类型的社区花园，大致阶段都可以分为策划、设计、营造、维护、管理等，而每一个阶段都可以进行公众参与。事实证明，公众参与的阶段越多，时间越长，该项目越可持续。

居民在沟通对话的过程中，在课程的学习和实践经验的积累中形成社区主人和社区共同体的意识，开始认识到社区土地、社区情感背后的价值。在自身参与设计建造中，社区居民逐渐了解和接受社区花园建设的整体方向和目标，并理解设计需要权衡不同个体的利益关系、平衡社区资源的分配进而相互妥协与接纳，这是社区共治景观的基础性工作[1]。

2.2.1 跳出传统思维的禁锢共同设计

对社区进行基础调研和资料整理是社区花园设计营造的前行工作，社区文化、社

---

① 刘悦来，尹科娈，魏闽，等. 从可食景观到活力社区——四叶草堂上海社区花园系列实践[J]. 景观设计学，2017，5（4）：74-83.

图 9 百草园"小小景观师"活动
（图片来源："四叶草堂"刘悦来）

区人口、社区设施等方面的现状为花园设计提供依据。这一阶段主要是以设计团队为主，最大限度地提高社区的参与程度。对于街区型比较复杂的环境，根据其用地性质将人群进行分类，再有针对性地选择其中较为积极的对象；对于住区型较单一的环境，可以先从楼组长开始着手，搭建设计团队与居民的交流平台，实现专业知识和在地化的生活经验相互辅助。

创智地区属于高新技术复合型社区，社区公共空间和自然教育空间比较稀缺，深入社区了解之后，将农园确定为设施服务区、公共活动区、朴门花园区、一米菜园区、园艺农事区等①。设施服务区和公共活动区为满足社区公共交流活动的需要而设置了室内室外的社区客厅和社区广场，以及儿童沙坑；朴门花园区将可持续理念和能量循环利用的实践和科普也融入到花园的各个细节中，如垃圾分类箱、螺旋花园、锁孔花园、香蕉圈、厚土栽培实验区、雨水收集、堆肥区等；园艺农事区提供了从基础认知和种植要点着手的自然教育的场地，鼓励都市人多去土地里观察思考、动手实践；一米菜园则是为了满足都市居民对种植的热情，通过金钱、时间和劳动力的转换来探索新的公共空间管理模式。

"百草园"，是取"百家之花草，造千人之园地"之意。在初期的社区调查和建设初期的社区营造过程中，鼓励居民把自家植物带到花园与大家共同分享。在了解到社区缺少民主沟通平台之后，设计团队与居委会共同着手建立内部议事平台，开展了从街道到居民的各层会议，打破了居民之间、居民与决策者的沟通屏障，并进行了现场访谈，听取了大量居民的声音。设计团队在设计改造方案的过程中，举办了"小小景观设计师"的现场创作活动，这既是一次儿童艺术活动，更是给予儿童表达他们诉求的权利，小朋友们对百草园中能有属于自己的一块小天地寄予了很大的期望（图 9）。设计团队基于广泛的调研基础和专业技能，不断深入社区与居委会干部和社区积极分子沟通并进行方

---

① "创智农园"规划设计总体由"芒澜环境"负责，"泛境设计"进行专项调整设计与围栏区实施设计，"四叶草堂"进行运维机制、空间调整设计与后续实施管理。局部详细设计与实施仍在不断深化更新提升中。

案的调整,最后将"百草园"功能定位于满足居民休闲活动、亲子互动和自然教育的需求。

设计方案初稿完成后,设计团队走进社区征询居民的意见。首先是设计中出现的木地板遭到居民反对,因为楼间距小,木地板产生的噪声对周边居民的生活产生不良影响;其次是螺旋花园旁的生态水缸会带来安全隐患,也被要求调整。在反复的沟通中,设计团队逐渐理解花园走进社区的基础是不增加居民的生活压力。高密度的人居环境给居民心理上带来高负荷,景观改造要从小处着手,空间改造生活化、人性化,应留给居民更多的自主空间和未来更多的变化空间。高密度老旧小区的内部网络复杂,公共空间中居民的权利得以真实的强烈呈现。在如此局促的空间里现存的状态是各方矛盾相互妥协之后的结果,而空间改造伴随着众多社会问题,因此需要多从居民的角度思考,多与居民沟通。

2.2.2 发动积极力量参与建造

是否可以大家一起来建设社区花园?有没有能力建设花园?愿不愿意来参与建设?这都是社区花园建设面临的难题。深入社区的宣传、适合社区操作的工程步骤拆解工作、体验丰富的活动组织、学习型社区的营造,这些都是将设计方案落地实施的重要步骤。"创智农园"的建造难度高于一般小花园,公众参与的第一步是拆解建造步骤,是需要把工具技术要求和现阶段社区参与能达到的建造内容进行分类,以便社区居民参与建设的时候,从力所能及的事情着手,尝试一些新的体验,收获一些新的知识,并从中获得成就感和满足感,而不是面对一个庞大的工程体系手足无措。

社区花园的社区参与体现在不同维度上。个人层面:从设计师在"创智农园"墙面上创作的魔法门墙绘,社区花园展上律师个人出资建造的"律草园"(图10),再到分布各处的认养植物都是社区个人参与建设的体现;组织层面:"花友会"号召成员及更多小朋友和成年人共同参与,没有施工经验的居民花了一个月时间组成了施工队,不到一星期就完成了"百草园";学校层面:因为"创智农园"靠近复旦、同济两所高校,学生暑假以志愿者的形式为农园出谋划策;企业层面:社区花园展中来自园艺、景观、设计、空间创意、社区服务类单位打造的有企业特色的迷你花园,增加了"创智农园"的多样性,有知名园艺公司建设的"小小梦花园"(图11),来自崇明郊野的"卉园"和"玫瑰庄园"等;政府层面:绿化行业主管部门,以及区、街道一级单位在社区花园建设的过程中给予过政策上和物资上的帮助。

2.2.3 社区花园的激活与运营

城市公共空间中参与人群的多元化意味着稳定的社区关系,要形成人与人之间的关系,首先需要建立彼此之间的相同之处,社区花园需要挖掘与其价值理念一致的多元化内涵来创造交流对话的可能性。

图 10　个人出资的"律草园"　　　　　　　　图 11　企业出资的"小小梦花园"
（图片来源："四叶草堂"刘悦来）　　　　　　（图片来源："四叶草堂"刘悦来）

（1）挖掘社区达人，培育兴趣小组

空间可持续性的活力依赖于内生力量的产生，而这股力量的源头往往是有意愿、有热情、有能力为社区花园出一份力的人，这类人可以称之为"社区达人"或者"社区领袖"。在他们的号召下，社区花园会吸引志趣相投的居民共同参与到花园的建设中，一起为社区的发展出谋划策。当队伍人数增多，就会面临需要制度规则来管理、规范成员的行为，兴趣小组或者社区自组织的雏形开始出现，并形成意识共同体来为社区花园和社区群体服务[1]。如街区面积较大，边界不确定，社区领袖的挖掘多依靠组织网络宣传、线下活动等形式来进行；如住区面积较为确定，并且有居委、业委会等明确的协助，可采取居民推荐、走访居民等形式来选取社区领袖。

（2）多方合作社区培力

社区营造活动借助公众关系的议题，在高校、企业、政府和居民之间搭建沟通的平台，激发居民积极参与的兴趣是其发展的根本[2]。图 12 是为了探讨以"创智农园"为例的社区花园多方参与机制在同济大学举办的"Mapping 联合工作坊"。社区花园空间服务于学习型生活型社区，包括跨学科讲座沙龙、让园艺走入社区的植物漂流、公益志愿项目、跳蚤市场等多种形式。把握不同人群的特性选择合适的切入点，如园艺爱好者对于植物养护的期待、手工爱好者对于动手实践操作的需求等，将能力培养的内容贴近生活，让居民更真切地感受到社区花园带来的价值。街区中的经济、生活、人群多样性远高于住区，社区花园的生命力需要创造相互关联又保持差异的联系。住区型社区花园的活力营造则更需要深入社区，了解居委会、物业和居民的多方关系来满足内部居民多元需求。

---

① LANIERJ., SCHUMACHERJ., CALVERTK..Cultivating Community Collaboration and Community Health Through Community Gardens[J]. Journal of Community Practice，2015，23（3-4）：492-507.

② LIU JJ.， HOROWITZS， ZHANG WN..Opportunities and Challenges for the Development of China's Community Gardens[J]. Journal of Landscape Research，2013（Z3）：47-48.

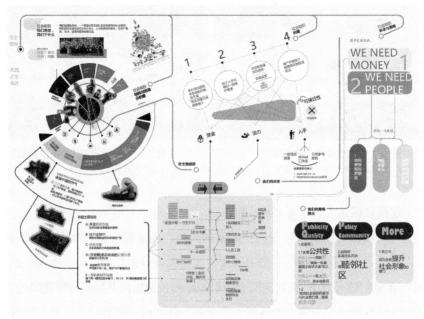

图 12 Mapping 联合工作坊成果图
（图片来源：Mapping 工作坊同济学生绘制）

2.2.4 社区花园的管理与维护

社区空间营造的过程，也是社区凝聚力营造的过程。公共空间是公共生活方式培养的空间载体，也是基础，在公共空间的维护过程中结合公众的兴趣爱好，组织自然教育或者社区营造的主题活动，对社区居民进行再组织和再培训，挖掘社区达人，建立社区内部的人才库，鼓励让居民去影响居民。社区花园的成熟标准是是否形成拥有自治能力的群众社团组织，社团数量越多、活动内容越丰富、管理制度越规范，包容性就越大，居民的参与性就越高。

"创智农园"面积较大，管理内容较为复杂，目前还未形成社区自组织，需要依靠良好的运行机制的长期实践来培养参与者的自治意识。"百草园"目前的两个自治组织正在逐渐形成规范化的制度体系，和打虎山路小学合作将"百草园"作为学校的自然教育基地，并与抚顺路 363 弄芳园实现了活动资源共享，拉近了邻里的互动关系。在活动的组织过程中，小志愿者们可以学习基本的园艺技能，期间已逐渐形成小志愿者和家长主动发起并积极参与的空间管理机制。目前"小小志愿者团队"有 40 余位成员，能独立完成给蔬菜搭架子、浇水、施肥等日常运维技术活动，组织过中秋灯谜会等社区活动，成为社区营造和花园管理的活跃力量。2017 年开展了关于二十四节气的活动，每两周进行一次自然观察与种植养护的笔记记录。"百草园"社区花园建设的初衷是建立这种相互学习的机制，使得花园成为学习场所，这是真正使得社区居民从小开始，由单纯的消费者逐渐变成积极的参与者、生产者。

2.3 经验总结 [①]

前文基于作者团队近年完成的两个具有代表性的项目"创智农园"和"百草园",分别从"公"与"私"的两个空间层面阐述了社区花园营造过程中各自阶段的特征及对应的策略。

实践显示,社区边界越模糊,人口构成越复杂,社区花园内容越丰富,营造之初的参与度越低,反之亦然。已经拥有熟人社区环境的群体可以在专业的指导咨询下从一开始就参与到社区花园的营造中,而缺少熟人社区环境的社区则需要有一个花园空间,通过运营团队长时间的社区交流、社区活动来帮助建立彼此之间的信任与关系,在之后的管理维护甚至空间更新中逐渐提高参与性。两种模式殊途同归,在建造运营初期的策略需要结合各自社区的特性,不同的阶段有不同的处理方式,但两种类型的社区花园目标都是让更多的居民有意愿、有能力、有规则地参与到公众事务中,在公众参与的过程中形成自组织,实现共建空间的可持续发展机制。

中国大城市的快速发展带来了不同领域的问题,要求多学科共同探讨应对城市问题的策略。社区花园作为公众参与进行园艺活动的场地,基于空间设计学,连接了社会学、教育学等多学科研究成果来处理人与环境的关系。社区花园是为了实现在上海这样一个高密度人口的城市中能源可持续、社区睦邻友好、自然教育而进行的尝试。去除学术的外壳,空间本质上的核心就是人,社区花园是现代风景园林转变为以社会服务为导向,平民化和大众化的历程中重要的一环 [②]。站在使用人群的角度,关注他们所关注的话题,通过满足并引领他们的社区生活方式来实现人与人之间的相互连接,使社区民众对空间产生情感并产生内在的参与动力,这才是社区花园背后可持续生命力的关键所在。

3 社区花园参与式微更新反思 [③]

空间微更新过程中,政府、企业、民众、社会组织的关系是什么?如何更可持续?根据我们社区花园设计营造和维护管理的经验,越是政府投资大、建设周期短、居民参与度低的,社区感受度越不明显。相反,那些小型项目、周期较长、居民在建设过程中有参与的(包括物料、人力、金钱、时间等不同层次与程度),社区感受度更高,居民满意度也更高。社区花园作为社区空间微更新的一种,其投入是低成本的,设计营造是简单易行的,是小而美的实施,是充满期待的过程。目前社区花园以"专业组

---

① 本部分内容引自:刘悦来,尹科娈,魏闽,范浩阳.高密度中心城区社区花园实践探索——以上海创智农园和百草园为例[J].风景园林,2017(9):16–22.
② 郭美锋.一种有效推动我国风景园林规划设计的方法—公众参与[J].中国园林,2004(1):81–83.
③ 本部分内容引自:刘悦来,尹科娈,葛佳佳.公众参与 协同共享 日臻完成——上海社区花园系列空间微更新试验[J].西部人居环境学刊,2018(4).

图13 上海社区花园绿地图
（图片来源"四叶草堂"）

织运作的社区花园"为基地，逐步培育"居委会主导、居民参与的社区花园"，到发展出"完全居民自组织的社区花园"以及影响广泛的"城市种子漂流"行动。图13是作者团队在上海城市中形成的以绿色种植行动为主题的社区自治版图。

公众从一开始就高度参与的景观设计，是从粗糙稚嫩到日臻完美的过程。社区花园就是这样一种产品，从设计开始，到施工、养护等一系列过程都由现在或是未来使用人群带着对未来的预期共同参与完成。这个全流程参与的过程可以成为高质量的体验，而不仅仅在建成后的直接呈现。这和快速、高成本投入的景观空间建设是两种不同的设计逻辑和生产方式。在精英决策、商业运作的大环境下，主流的景观生产方式就是政府和企业采购的景观。最终用户，也就是民众，绝大多数情况下只能被动接受和使用，没有选择权。我们的设计和营造在找寻另一种方式，与上述方式形成相对的一种平衡。这种方式可以使社区花园作为一种优良的社会治理媒介，在空间生产中达到在地社区自我管理的状态，是对现行景观生产方式的补充或者说矫正：超越效率和消费，引导用户主动思考，参与到景观生产中去。真正的生产主体应是未来真正和场地息息相关的使用者，而这个过程的根本目标就是透过在地行动，参与者实现了转变，从单纯的景观产品的消费者变成负责而又有生产力的人民。

从景观的生命周期而言，精心加工制作的景观，尤其是人工构筑产品，从它建成的那一天起就开始被动地受到外力的抵抗而逐步走向衰败——事实就是越精巧的东西越容易出问题。作为消费品的景观空间，从开始启用的那一刻，精确开始逐渐变得模糊起来。很多地产公司购买的景观设计服务与最终营造的景观，很大程度上沦为了其房屋销售的道具。而社区花园主要靠植物等有自然生命的元素透过用户的使用去一起协同生长，营造属于自己社区的景观，这是一个协同进化的过程，也是一个从模糊到逐渐精确的过程。我们在探索前期对社区居民进行辅导支持，提供体验学习的机会，使居民掌握基本的社区景观设计营造技能，参与人员再去影响带动更广大的社区人群来共同营造景观，后期制定完善的自主管理制度用以规范整个流程，利用人群学习与合作的能力，相互带动。在此过程中，社区人群的花园营造技法不断精进，从而使空间景观从开始就通过学习迭代提升，生生不息。

从景观空间的服务功能而言，越精准的设计反而局限了使用者，其空间实质上是封闭的，用户只能被动地使用这块场地，并没有自由发挥的空间。特别是人工构筑的景观，对这些被精确设计过的"物"的迷恋、对"技巧"的执着，不同程度上会降低对自然的反应。与之相对，社区花园倡导一种开放界面并适度"留白"的设计，让人们自由地参与到设计过程中。当然，过程中需要参与者不断去调适，与自然生命共同成长，与社区共同成长，从中感知自己力量的壮大，这其中，随着动手能力的增强，在真实的生活中，人格也得以更加健全。

从系统安全的角度而言，集中式的设计营造生产方式有着高效的特点，但是存在系统安全隐患，任何一个环节出问题，都会直接导致结果的改变。社区花园作为景观空间的一种类型，采用的是分布式的生产方式，把景观生产的不同环节和区块分摊给不同的人，这些人包括正在阅读本文的您和家人、邻人、友人以互助的方式形成自治团体，大家协力为之。如果某一个小环节或者某一小块出了问题，不会导致系统整体崩溃。当然，集中采购、高效生产在很多时候是需要的，只是应该有另一种方式存在。

从能源消耗与可持续而言，精确设计、精巧实施的景观产品，整个设计、生产过程和后续报废的处理过程中需要消耗大量的能源，特别是其降解，很多成为环境问题。这是资本推动的消费导向的空间生产的根本问题，目前没有好的办法解决，景观只是其中一个小小片段。作为公共空间的关注者抑或专业从业者，我们在汹涌大潮中需要保持警惕，任何旨在推动社会进步和可持续发展的不同探索，都是值得的。社区花园系统倡导充分利用在地资源，特别是"废弃物"，设计看重全生命周期的考量，无疑是对前者的一种反思与补充。我们强调与自然充分接触，亲手感受泥土的温度、种子萌发的力量和因此带来的由衷喜悦，这个景观生产过程是漫长的，也是值得期待的。这种主观能动的"小"和被动消费的"大"，是一种有趣的对比，这个过程对人的影响要数十年后才能看得出来。

4 结语：社区花园实践的价值创新 [①]

"社区花园是都市景观的一个奇迹，更是社区营造的一个典范；创业者们把一片废地，

---

① 本部分内容引自：刘悦来，尹科娈，葛佳佳.公众参与 协同共享 日臻完善——上海社区花园系列空间微更新试验[J].西部人居环境学刊，2018（4）.

做成了一个充满活力的公共空间，从空间入手的改造，以自然展开的教育，热闹得看似是一块园地，成就的却是社会发育的大文章。社区花园把步道带到脚下，把种植带回都市，把劳作带进课堂，把游戏带给孩子，把互动带回邻里，把生产带入生活。这一系列的回归，是把大尺度的城市进步与亲切尺度的日常改善整合起来，旨在超越旁观与创造的对立、都市与乡土的分裂、专家与常人的区分、生产与消费的分离。归根到底，以自然教育和自然种植的活动，整合过去几十年由资本化空间生产带来的人与人的疏离。社区花园的组织者，相信这场改变空间风向的努力是可能的，因为社会本身有创造力，土地本身有创造力，人们需要做的是，把改善和创造生活空间的主动权拿回自己的手里，更具体而言，拿回孩子的手里，拿回孩子的父母和亲人的手里，拿回全体居民的手里，这就是社区花园案例给予我们最重要的教益"[1]。这是社会学家于海教授对社区花园的研究和评价，表明了社区花园系列空间微更新实践的社会价值远大于空间本身的价值。

综上所述，社区花园并不是一种新的用地性质，它是作为公共空间使用的一种形式而存在，它在不改变土地性质和绿地属性的前提下以深入的社区参与丰富了城市绿地的内涵与外延，人工与自然、城市与乡村、专业与业余在社区花园中开始变得模糊和融合，回到彼此相互熟悉信任的邻里关系，使居民重新认识到公共空间中土地的价值，以更乡土、更丰富的生境营造更新了人与自然的连接，这些从参与设计到在地营造到维护管理机制的建立与实施，不断加深人与人之间的联系，逐渐成为公众日常生活有机的组成部分。在其实现过程中，有两个重要的维度指向：生态文明建设和社会治理创新，从这两个维度实现了人们在对美好生活追求过程中不平衡、不充分的弥补和修复，这正是社区花园的当代价值所在。

中国空间更新与社会治理的结合正当其时，旨在提升广大市民日益增长的对美好生活的需求所采取的任何探索都是值得鼓励的。我们坚持认为核心思路一定是多元的、包容的。社区花园只是其中一种探索而已，前面对精准设计的反思，并不是否定专业的力量，恰恰相反，多元参与式景观设计对设计师提出了更高的要求，这就是对美好生活本质的理解，对市民自我实现价值观的深度理解。规划师、设计师等专业者必须全身心投入到美好生活的创造和创新中去，务求扎根于在地的社区行动和实践。

---

① 于海. 回到生活世界和生活空间——以上海创智农园为例[J]. 城乡规划，2017（4）.

成都老旧院落微更新
——从院落治理到参与式规划

邓　梅　刘　飞

1　背景

1.1　政策背景

　　"成都，一座来了就不想离开的城市"，是这个城市的名片，成都的美食、美景、舒适、闲逸，让很多人着迷，而在社区治理的领域，成都也一直进行各类创新。2016年5月，为进一步深化"三社联动"，强化城市系统治理，统筹发挥基层政府、社会力量、居民群众主体作用，提升基层社会治理水平，成都市民政局出台了《关于开展城乡社区可持续总体营造行动的通知》，安排部署全市城乡社区可持续总体营造行动。目前社区总体营造计划已经开展了2年。社区总体营造行动旨在将成都市的城乡社区营造建设成为温暖、温情、温和的幸福生活共同体，实现政府治理、社会自我调节和居民自治的有效衔接和良性互动。2017年9月，成都市召开城乡社区发展治理大会，并在全国首创设立了城乡社区发展治理委员会，着力于推动高品质和谐宜居生活社区建设，并相继制定推进社区发展治理的三年计划、五大行动，努力实现"城市有变化、市民有感受、社会有认同"的社区发展治理目标。

　　成都在社区发展治理上的实践，有其脉络可循，从2008年开始，成都就在进行社区治理创新相关的探索。本案例所在的水井坊街道位于成都市锦江区，从传统型街道向商务型街道转型过程中，辖区内老旧院落多，人口呈现出构成复杂、老龄化、贫富差距较大等特点，加上很多历史遗留问题，给水井坊街道工作带来极大挑战。从

作者简介：邓梅，成都市爱有戏社区发展中心督导培训部总监，社会学硕士，中级社工师；
　　　　　　刘飞，成都市爱有戏社区发展中心创始人、主任，首批全国社会工作领军人才，中级社工师。

2008 年开始，水井坊街道着力于探索"三治一化"（自治、共治、法治、信息化）的社区治理模式，以期应对面临的管理问题。

同年，锦江区出台《关于深化街道办事处管理体制改革的实施意见》，水井坊街道积极调整职能，优化科室设置，剥离经济职能，街道工作重点从经济建设为主转移到社区管理和公共服务上。根据锦江区《关于完善城乡社区治理机制，进一步推进基层民主政治建设的意见》（2008 年 10 月发布）的要求，创造性地探索改善居民自治的办法和机制，在辖区院落中搭建了有党组织、有自治组织、有服务平台、有居民公约、有自治活动的"五有"平台，为社区居民提供各项服务。同时，采取居民投票、居民商议等方式，在辖区 9 个院落拟定了各有特色的《院落居民自治章程》和《居民公约》。

1.2 院落概况

较场坝东苑在行政区划上属于成都市锦江区水井坊街道，由较场坝东街、较场坝街、较场坝中街及较场坝东五街 4 条街道包围，占地面积约 1.5hm^2。周边有成都十七中校区，紧邻东方广场、明宇金融广场等大型写字楼。两个写字楼的外围，则为成都市主干道之一的东大街（图 1）。综合以上，这是一个位于成都市市中心、办公与居住较为混合的区域。

67 号院是其中最大的一个老旧院落，于 1997 年修建，包含 12 个楼栋，共计 33 个单元，有居民 730 余户、2200 余人，大院住房总面积达 5.84 万 m^2，房屋出租率达到

图 1　院落地图

50% 左右。院落由就地返迁安置房与商品房两部分组成，商品房有 4 个楼栋，其余为就地返迁安置。院落底层为商铺，共计 50 余家。由于临近写字楼区域，白领、金融行业从业人员较多，故商铺多为餐饮小店，其中不乏不少知名美食，配合该区域浓厚的生活气息，院落就像被一圈美食包围的"小岛"。小区整体建筑分布比较方正，小区四通八达，规划有 4~5 处出入口。

由于院落建成年份较久，加上无物业管理服务，使得院落在硬件设施上存在先天不足、后天失修失养的问题。管网堵塞、污水溢出、线路杂乱等问题普遍存在，不仅影响了院落环境，造成安全隐患，也是邻里矛盾的导火索。在政府老旧院落物业全覆盖的要求下，院落曾引进过物业公司进驻，但收费价格低、收取不齐等问题导致物业公司难以持续运营而被迫退出，继而又进一步加剧了环境、卫生、安全等问题的严重性。院落常住人口大部分为老城改造就地返迁居民，文化程度不高，另有一半左右的居民为租住户，使得居民构成和邻里关系异常复杂。此外，院落硬件设施不足，停车场地、公共活动空间等公共设施严重短缺，违章搭建多，诸多潜在的利益矛盾纷繁复杂，进一步加剧邻里纠纷。加之老旧院落居民长期养成的对政府和社区两委的依赖习惯，导致院落与街道和社区两委之间的矛盾亦非常突出（图 2）。

1.3 工作背景

成都市爱有戏社区发展中心（以下简称"爱有戏"）起步于 2009 年，是在民政注册的 5A 社会组织。专注于城市社区发展，以"协力构建更具幸福感的社区"为使命，通过参与式的方法培育社区社会资本，推动社区发展。

2011 年，"爱有戏"正式注册成立，获得了一个基金会的项目资助，以一个文化类项目（通过口述历史的方式，搭建社区文化参与平台，并培育本土文化类组织）进入锦江区水井坊街道开展工作。"爱有戏"在开展项目过程中，对该辖区进行广泛的

图 2 院落整治前情况

调研，进入 2000 多户家庭进行需求调查，调查发现了一个容易被忽略的事实，即在城市的市中心，即使已经有最低生活保障制度的覆盖，但还是有许多家庭存在经济困难的现象，所谓"穷在闹市无人问"。在这样的现实面前，如何去解决成为摆在团队面前的一个大问题。在这个时候，"义仓"项目进入了团队视野，通过在水井坊开展相关项目，并进而发展为参与式互助体系 [①]。

"爱有戏"在街道开展的参与式互助项目得到了政府、群众的认可，爱有戏的工作能力、工作成绩得到街道办事处的肯定。此时，街道也想在居民自治方面引入新的力量，于是给了"爱有戏"参与院落治理的机会，因此有了本文的案例。在此期间，政府的支持、信任与耐心等待，是爱有戏能够一步步推进的最大支持，街道主要领导"大胆去试，做错了也没关系"、"社区治理，5 年刚进步，10 年一小步"的态度和理念，是"爱有戏"可以持续参与的最大动力。

1.4 院落治理前，矛盾突出

院落在进行治理之前矛盾突出，被称为"街道书记主任都要绕道走的院落"、"不仅仅是环境差的问题，居民的整个精神状态以及与人交往带给他人的感觉都不舒服"（某社会组织工作人员评价）。院落矛盾总结如下。

（1）商家"入侵"，挤占空间

院落道路四通八达，没有物业管理，门卫形同虚设，很多流动小商贩随意进出院落进行买卖交易。底层商家前门对着大街，后门对着内院，很多商家打开后门，将院落走道等公共空间作为自家商铺延伸地带进行使用，或堆放东西，或摆摊做生意，加剧了拥挤程度，喧闹的营业环境严重影响了院内居民的正常生活。

（2）车位规划不足，隐藏安全隐患

院落为 20 世纪 90 年代修建，在当年的规划中，机动车停车位并未成为刚需，院内只有两个非机动车车棚，所有的机动车不能停放院内，只能在院外路边停放，给居民生活带来不便，也侵占了正常道路通行空间。非机动车棚日趋破旧加之管理不善，导致居民非机动车（多为自行车和电瓶车）无处安置，只能放置于院内走道等公共区域，一来更加拥堵，二来不美观，更带来很多安全隐患，车子被偷盗现象突出。

（3）商住管三方失序，引发卫生问题

院落卫生问题的最突出表现为阴沟堵塞问题，而这一"恶果"却非一己之力酿成。

---

① 详细介绍请参见公众号"义仓发展网络"–"关于我们"板块.https：//mp.weixin.qq.com/s/c6oeAVwVKzn4q-XjQ94wZw.

居民向厕所管道乱丢垃圾，餐饮小店弃置大量厨余垃圾且容易积堵，加之缺乏常规化的卫生清理和有效管理，三方因素共同致使院落内阴沟经常堵塞，散发阵阵恶臭，严重影响居民生活，厕所管道内常常清理出各种奇怪物件也让底层住户不堪其扰。

（4）自治组织形同虚设，疏于管理

原有的院落党支部和院委会，其内部不和、组织不作为的现象突出，自治组织形同虚设，导致各类院落自治活动与管理无法正常进行，居民似一盘散沙，没有有力的组织或者个人将居民组织起来，院落自治形同一句空话。

除了上述的空间挤占、安全、卫生、自治能力差等突出问题之外，院落居民之间因为诸如楼道堆物、宠物粪便等各类琐碎小事，引发了邻里之间的各种矛盾；院落公共资产被挤占（部分院落居民的说法，实际到底如何，也无法准确地求证）而引发的矛盾，也较为突出。

2 从院落治理到参与式规划三部曲

2.1 以选举带动参与，院落自治动起来

2.1.1 随机走访，问需于民

所谓"没有调查就没有发言权"，在67号院纳入居民自治项目之后，爱有戏在院落内进行随机走访，进一步了解居民对院落自治、院落环境等问题的看法，了解居民相关需求，同时对爱有戏来说，也是熟悉院落、认识院落原有骨干、发掘新骨干、认识院落居民的过程。

虽然接触到的居民大部分都在埋怨与提问，但换一个视角，反而能看到院落活力，不是死气沉沉，仍然有人对公共事务关心，有人对院落整体情况改善抱有期待。而这个阶段发现的院落骨干，也成为后期院落自治的重要力量。

在此，增加一段院落纳入居民自治项目试点院落的小插曲。在之前的项目设计中，67号院本不在试点院落之列。在一次"爱有戏"组织的外出参访活动中，由社区推荐的2名院落骨干也参与其中，看到本市其他街道优秀院落之后，2名骨干深受刺激，产生了"为什么别人的院子那么好而我们的院子却如此糟糕"的疑惑。这一疑惑成为他们主动行动的内在动力，回来后，他们组织居民主动向社区两委表达了想对院落进行治理的愿望，于是街道、社区两委、社会组织一起讨论，将其纳入项目计划。

2.1.2 开会讨论，问计于民

随机走访一段时间之后，对院落情况基本熟悉了，也与院落骨干和部分居民建立了初步信任关系，"爱有戏"随之召集院落骨干会议，尝试通过讨论，动员院落骨干

一起加入到问题解决的行列中来。

在这个过程中，骨干之间的矛盾、居民的怨言显露无遗，也让组织会议的工作人员非常沮丧，会议经常演变为吵架大会、抱怨大会，进而引发更多的邻里矛盾。此时，有居民提出，如果现有院落党支部及自治组织不改选，那么，所有的会议也好，讨论也罢，都将是无用功。于是当前最为关键的工作任务是选出有能力、有公心、愿意为院落做事情的自治组织成员。

在此启发之下，院落自治组织的选举被推上工作日程，加上上文中提及的"五有"院落政策保障，选举工作成为推动自治的工作重点。

2.1.3 推动选举，希望大于挫折的实践

以院落代表选举为基础的居民直接参与决策和治理过程是院落自治中非常重要的环节，以院落事务为核心的院落参与式民主，是居民主动参与院落公共事务管理的重要体现。在居民主动提出选举自治组织成员之后，"爱有戏"与街道、社区达成共识，投入大量的人力、物力，进行选举工作，并且与高校老师一起，探讨创新选举方法应用于该院落的可能性。在近半年的选举推动过程中，经历了如下阶段：

（1）全面入户，推选代表

每天晚上"爱有戏"、社区居委会一起对院落 700 多户进行全面入户工作。入户主要完成如下工作：告知居民选举事宜，询问居民对院落的意见与看法，推荐或自荐本单元候选人，尝试先找到单元代表再从中推选院落自治组织成员。

这一过程持续了近 3 个月，发现、推荐了居民代表 18 人，收集到院落治理意见100 多条。当然大部分的居民对选举持观望态度，甚至对工作人员的入户也较为排斥，发生了很多有趣事情，比如很多单元没办法推选出单元代表，有的单元代表被推荐出来而本人拒绝成为单元代表，等等。

（2）动员参与，建立筹委会

全面入户之后，动员院落中 18 位居民加入筹委会，联系组织多次会议。第一次会议初步讨论院落居民代表选举及院落中存在的问题，并推荐、新增居民代表共 27 位；第二次会议决定居民代表选举的内容与形式，决定每个单元至少有 1 位居民代表，可以是自荐和他荐两种形式。筹委会的建立让院落选举工作有了组织载体，不再是社会组织与社区两委的事情，而变成是所有院落居民的事情（图 3、图 4）。

（3）模拟整治，刺激选举热情

选举推动过程中，院落大部分居民的观望态度迫使街道、社区、社会组织需要再一次寻找新的突破口：如何让部分居民刚刚生长起来的自治热情持续发酵。

按照以往的经验，"公共危机事件"往往会成为达成共识的突破口，比如一个堵

图 3　院居民代表会议讨论院落居民公约　　　　　图 4　自管小组选举现场

塞阴沟事件，或者一次安全事故，而 67 号院没有等到公共危机事件，反而等到了一个重要的机遇，即老旧院落改造。老旧院落改造是在成都市房管局推动下，为改善老旧院落环境、提升院落自治能力的一项惠民工程。在以往的实践中，通常是由政府确定改造院落，安排相关公司入场整治。此种方式下，居民只是被动接受，无实际参与决策的权力，所以往往发生"政府钱花得越多居民埋怨越多"的现象。

　　67 号院的院落改造中，政府、社区与"爱有戏"达成共识，院落必须完成模拟整治才能够获得改造资格，进入实质性整治阶段。所谓模拟整治，即按照先自治、后整治的原则，体现在有院落骨干、有院落组织、有自治活动、整治支持率达到 90% 才能进行整治。这一决定，无疑给院落注入了一针活力剂，选举筹委会的居民骨干异常兴奋，院落环境的改善是居民的共同期盼，错过此次机会将成为院落的严重损失。在模拟整治的激励下，筹委会代表主动做事，入户收集院落整治意见。在尚未形成正式组织的情况下，自治、管理等活动积极推进；模拟整治的同时，选举活动也同步进行，两者相互促进，向着预期的状态发展。

　　最终，院落整治支持率达到 92.06%，远远超出街道确定的 90%，67 号院成功成为街道老旧院落改造的实施院落。最后确定的 8 个整治内容并非政府规定，而是在多次居民会议上，居民根据自身需求提出，是院落最迫切需要得到改变的地方。8 个内容分别为：楼道粉刷、线路有序化、墙面美化、小区设施、小区绿化、油烟上顶、雨棚规范、防护栏（院内翻新与临街更换）。但其中不少内容也存在意见分歧，争议最大的是防护栏与雨棚的更换，58 户不同意更换临街防护栏和院内更换雨棚，占总户数的 7.94%（图 5、图 6）。

　　由此，街道、社区两委、社会组织、院落居民共同参与到整治意见的收集过程中，在此过程中，自治组织的热情高涨，自治能力也得到了充分锻炼。

　　（4）水到渠成，选举完成

　　在筹备选举的同时，辅之于院落自管小组选举宣传活动，在院落小广场内集中宣

图 5　院落整治市民论坛会议　　　　　图 6　老旧院落模拟整治民意征询统计表

传，共计开展 5 次院落宣传，包括展示和发放候选人资料、现场广播、发动院落"小小志愿者"等多种形式，动员居民参与到选举的工作中，约 500 人次参与了活动。在公开投票的当天，在小区 3 个大门处设立投票箱，共收到选票 397 票，选出 10 位自管小组成员，顺利完成自管小组选举工作。

至此，第一阶段以选举推动参与的工作结束，取得了如下效果。

①逐步提高选举工作的认知度。在推动选举工作中，有选举权的全体居民都参与到院落的选举工作里，参与选举的过程也是一次自治教育的过程，了解自身的权利与义务，自愿参与到院落活动中。在选举的过程中，工作人员多次夜晚入户宣传，收集居民的意见，入户不仅使居民们直观、详细地了解院落的事务，也让他们感觉到自己的决定是有效的，意见是被重视的，为下一步鼓励其参与院落公共事务管理奠定了良好的基础。

②协助社区组建居民自治网络。在院落楼栋单元中，推选楼栋长，建立了院落自治组织，期间除了明确组织带头人责任，还组织志愿者队伍，参与居民自治事务，开展有关服务，为开展社区居民自治，实现自我管理、自我服务、自我教育、自我发展提供保证。

③协助推进院落民主制度建设，保证社区居民自治规范运行。结合院落的实际情况，"爱有戏"协助院落自治小组成员，通过民主协商的方式，共同制定《院落居民自治章程》《院落居民公约》《院落居民自管小组职责》《院落居民议事制度》《院落议事规则》等，并获得居民代表审议通过。制度制定的宗旨是约定院落自我管理、自我教育、自我服务、自我发展行为规则，充分调动和发挥院落居民参与院落建设和管理的积极性、主动性，实现院落自治。由此，为院落开展居民自治提供了制度保证，使院落居民自治条理化、规范化。

在整个选举过程中，"爱有戏"作为外来协力者，将居民对某一两个自管小组成员的不满作为引子，借此推动院落选举工作，并尝试在这一过程中，优化院落自治组织的成员结构,开展自治教育,以选举来推动参与。但是,选举毕竟是一个短期的事件,如何在热闹的选举过后,让居民的参与意识和能力有所持续,需要更多的途径和渠道。另一方面,我们也在反思:基于选举的参与,始终排斥了院落中的部分居民,比如流动人口和无选举权利的未成年人。选举作为参与的一种方式,天然存在某些缺陷,比如时效性,选举多数时候只是一个阶段性工作;又比如排斥性,它在某种程度上剥夺了一些特殊群体参与院落治理的权利,而无法将所有居民纳入。

2.2 决策当中听声音,院落整治练起来

院落整治是67号院共同面对的公共大事件,自然成为了院落全体居民的关注焦点,以及推进院落治理发展的关键契机。

2.2.1 参与式规划,保障参与途径

在院落整治的过程中,坚持参与式规划,调动街道、社区两委、居民骨干、普通居民的积极性,利用"市民论坛"会议技术,开展院落治理方案讨论。"市民论坛"会议技术是"爱有戏"借鉴"开放空间"会议技术相关手法,结合本地实践研发的一种参与式会议技术。此会议技术为社区居民提供了参与社区公共事务的平台,建立各种议事机制保障居民参与;同时改变自上而下行政命令式的方式,强调互动、协商等现代治理方式的合理运用,有助于调动社区居民、社区组织参与社区事务讨论的积极性,鼓励其参与方案的制定和实施。

(1)常态化"市民论坛"发起机制

在院落治理探索中,一个重要的路径是建立了常态化的"市民论坛"发起机制。只要5户以上居民提议,可发起院落/小区"市民论坛";5个以上院落组织提议,可发起社区"市民论坛"。居民或者社区社会组织只要有需要,可随时发起"市民论坛",由此通过将议事发起机制下沉到基层,为社区全面参与院落治理提供了稳定的制度性保障(图7)。

(2)多方会议机制,回应论坛决议或建议

"市民论坛"发起以后,邀请利益相关方参与会议讨论,制订解决方案,并参与最后的行动实施。在传统的议事会议结束后,执行主体通常是政府、社区两委或者社会组织,居民基本不参与或是有限参与。在67号院的探索中,居民和社区社会组织全程参与问题的提出、解决办法的寻找、方案的制订等一系列环节,让更多的居民认为这是所有利益相关方的共同责任,而不是某一个参与方的责任,促使他们愿意参与到具体的行动来。通过具体的参与行动,居民对于公共议题的认可度、参与度得到大幅提升。

图7　院落防护栏意见征集市民论坛会议

图8　居民参与整治方案讨论

在67号院，围绕院落公共事务的"市民论坛"，共召开大小会议63次，解决社区问题的社区活动180余次，参与人次2351人，议题涉及院落环境、院落安全、院落公共管理、院落文化、院落互助等方面，不仅有效解决了院落中的诸多问题，居民自治组织在此过程中也得到了极大锻炼（图8）。

2.2.2　从有到无与从有到优，院落旧貌换新颜

通过参与式规划保证居民参与和达成共识之后，院落整治工作进入正式实施阶段，主要进行如下工作：拆除院落的违章建筑，平整院落地面，拆除院落防护栏，油烟上顶，统一安装雨篷等（图9）。在这个过程中，社区两委、社会组织、社区骨干共同努力，不断与居民协商；社会组织主要发挥润滑剂与技术专家的作用，通过"市民论坛"等方式，协助寻找解决办法，动员社区居民全过程参与。

关于院落的地砖颜色及款式、垃圾桶摆放位置等问题，居民自发自愿参与讨论，并提出了意见和建议。最后采用的地砖颜色及款式是几个居民代表到各种建材市场实地考察后选定的，特别强调了防滑等实用功能。垃圾桶摆放多少个，垃圾桶的样式应该如何设计，这些看起来细枝末节，但关乎每个居民实际利益的问题，都是居民自己提出并提供解决方案的（图9）。

存在问题	现状照片	解决方案参考
1.路面：路面破坏严重，坑洼较多，排水沟堵塞，盖板等破损严重	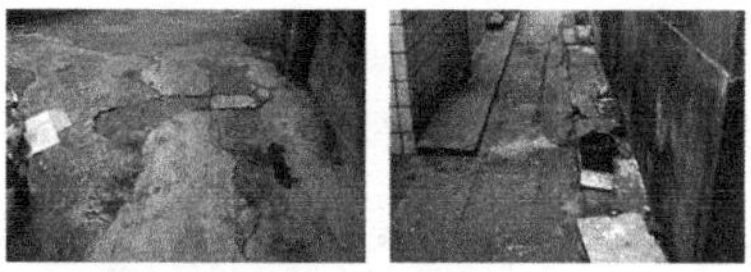	 地面统一沥青化局部硬质铺装；重建或修复排水沟、下水道
2.住户遮雨篷杂乱，加上不统一的空调位置安装，使得建筑外立面更为混乱，建议全部粉刷或统一重新设计布置		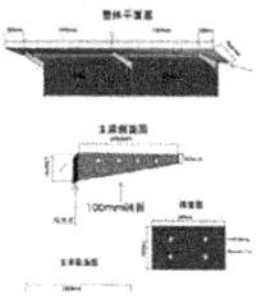 统一修补、拆除或替换
3.目前的空调位及空调排水管没有做到统一设计、统一布置，使得居民乱设空调机位及排水管，建筑外立面较为混乱	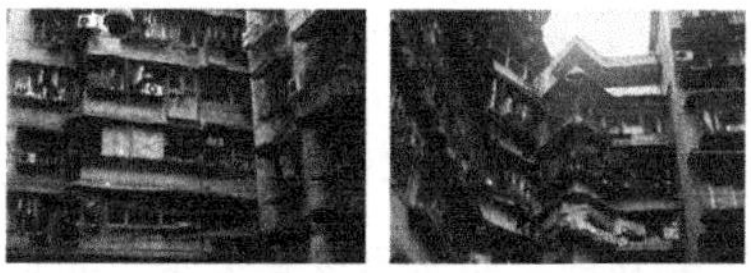	统一设计布置空调栏，并统一布置空调下水管
4.院落内水电、光纤、通信、网络线路杂乱		对院落内水电、光纤、通信、网络线路进行序化

图9 专业公司梳理的院落硬件问题（部分）

（资料来源：整治过程中专业公司整理汇报 ppt）

以下以社区安全问题的解决作为实际案例呈现。

背景：67号院的院落安全问题，一直是困扰在居民心中的大问题，院落安全隐患集中体现在几个方面：首先是车辆（自行车、电瓶车等）失窃，小区内车辆随意摆放，造成过道拥堵，增加小区内安全隐患；再次线路杂乱，老旧小区内电线杂乱并且存在老化的现象；最后是餐馆油烟问题，小区内分布着50多家小餐馆，油烟带来环境污染，并且容易引起消防安全问题。在此后的过程中，政府、社区、"爱有戏"与社区居民一起，组织多次市民论坛会议，着力讨论院落存在的安全与环境问题，并制订行动解决方案。多次的会议与商讨之后，针对院落的安全隐患问题，借助老旧院落的整治，找到如下解决方法。

改变院落彻夜开放：针对开放式院落的门禁问题，加强监管，完善小区的安全措施。改变了原来3个门都彻夜开放的现状，规定1号门和2号门在晚上11点钟关闭，只留3号门开放；门卫加强对人员进出的管理，陌生人不能随便进出。在这个过程中，重视对居民的告知，将相关规定都作为"告居民书"张贴于院落中，让所有居民都能够知道院落的新规定。

老旧线路规整：院落中的各类市政线路像蜘蛛网一样交错混乱。结合院落整治，由居民提出意见和建议给社区和街道办事处，办事处和居民一起，将居民的意见告知相关部门，责令整改。

车辆规范管理：院落丢失车辆主要由车棚管理不善、管理人员乱收费及充电费用过高造成。通过社区、"爱有戏"与居民多次召开会议协商车棚用电情况，由居民自主收集周边小区电费使用、车棚费用收取等信息，"爱有戏"协助居民制定车棚收费标准，借由院落整治对原来的车棚进行整修，腾出更多空间放置居民车辆。对于新规定，由于参与充分，居民和车棚管理人员都比较认可，放置在外车辆越来越少，车辆丢失情况逐渐减少。

一户一表，增加楼道路灯：老旧院落的电表是"一个总表＋每户人家安装一个分表"的设置，分表的功能是记录自家用电量，用以记录每户应该缴纳的电费，以及核对总表数量与分表总数是否存在差异，没有缴纳费用的功能。这样的设置就会带来操作层面的问题，即电费缴纳和断电影响。电费缴纳方面，电费总费用由院落统一缴纳，然后再由院落向各家各户收取费用，或者先各家收取再统一缴纳；断电带来的影响是一旦断电就是断掉整个单元甚至是整个院落的电，而不能只断某一个家庭的电。由此带来的问题是：有人不愿意缴纳或者长久欠费，但统一向供电局缴纳的时候不可能扣除没缴纳的家庭的费用，所以，是一直由院落垫付还是不缴，都是问题。不缴纳的话，供电局停电，那已经缴费的家庭如何解释？垫付的话，钱由谁来出？街道支持总归不是长久之计。如果断电，引发的邻里矛盾与投诉，又成为另外一个问题。结合整治，将院落的电表修改为一户一表，并且统一增加安装楼道灯，楼道灯的电费由院落公共财产承担。

通过拆除违章搭建、拆除防护栏、更换雨篷、油烟上顶等一系列从有到无和从有到优的整治，大院旧貌换新颜。当中不乏各种利益冲突，而居民代表在其中起到了关键作用，使得很多易冲突的事件以润物细无声的方式得到了顺利化解。

2.3　从无到有，拓展院落公共空间

在整治、改善既有问题的基础上，针对院落居民迫切需要活动场地的诉求，下一步工作聚焦于如何在本已十分有限的院落空间中，创造性开发新的公共空间，营造居民活动、交流的平台，并突显其空间的公共性。主要举措包括以下内容。

车棚顶变身院落菜园：利用院落中一处自行车车棚的屋顶空间，通过增加防水

处理，将其改造为院落菜园，为院落农耕等环保类项目提供基础，成为后来活跃的农耕小组、环保小组形成公共议题、开展公共活动的重要舞台（图10~图12）。

打造院落开放空间：通过资源置换，将原本出租给小卖部的房间改造成为院落开放空间，满足自治组织议事、开会、日常交流、院落自治展示等需求。

新增户外健身区：院内原来堆放杂物与自行车的公共区域，经过整治与空间腾挪，开辟为户外健身场所，设置各类健身器材，满足院落居民日常锻炼健身的需求。

打造最美笑脸墙：从充满抱怨到满脸笑容，院落改造不仅改善了空间环境，也改变了居民的心情与心态。为了记录居民美好心情，院落中开辟最美笑脸墙区域，用相机记录下微笑瞬间，并展示给所有邻里（图13、图14）。

经过系列整治，大院旧貌换新颜，新院落需要新名字，原来一直沿袭以街道地址命名的方式，也被居民提出需要改变。大院征名经历征集、第一轮公开投票、第二轮公开投票，最后由"爱有戏"、自治组织、党支部、议事会成员和社区居民一起，对30多个居民提名的院落名字进行公开投票。"较场坝东苑"获得最多选票而胜出，新名字既反映了历史底蕴，也体现了院落特色，更代表了院落发展的新起点（图15、图16）。

在这一阶段，"爱有戏"在发动居民

图10　农耕小组成立前的农耕园地

图11　农耕小组会议商讨未来发展

图12　农耕小组的成果

图13　青少年参与美化墙体活动

图14 大家布置笑脸墙

图15 征集来的院落名字

图16 征集到的院名向居民公示并组织公开投票

参与的过程中，扮演了关键的技术专家的角色，开放空间会议技术的使用、罗伯特议事规则的变通使用、会议规则的制定，都是需要先进的参与式理念作支撑的。

居民在技术专家的带领下，参与变得更加理性与活跃，从问题解决的角度参与院落公共事务，颇见成效，诸多困扰院落多年的问题都得到了解决。并且，参与式的工作理念将参与的群体扩大到了院落各个群体，参与的广度和深度都有了提升。流动人口在院落整治等问题上拥有了发言权，打破了选举参与所带来的天然局限性；小朋友也能够参与院落事务，比如，他们组成了青少年活动小组，进行了院落墙面的美化工作，为院落环境优化贡献力量。

2.4 搭建平台与陪伴协作，内生力量长起来

院落整治让居民的参与体现在实际的问题解决过程中，让居民看到了参与的成效，其参与感到了显著提升。院落整治作为一个阶段性事件结束之后，"爱有戏"基于实现社区组织自我服务、自我管理、自我发展的目标，通过公益项目、活动平台及社区教育，采用陪伴成长的方式，培育社区社会组织，促进社区居民更有效地参与到社区社会组织的自我管理和运转当中。具体组织培育路径包括以下三个方面：

（1）依托公益项目，发掘院落骨干，孵化自组织

街道、社区与"爱有戏"团队从各方筹集资金，在院落内开展项目，并积极引进外部资源，比如香港社区伙伴的"城市农耕"项目、北京万通基金会的"格致生态"项目、成都市锦江区社会组织发展基金会、成都市民政局的公益创投项目等，鼓励居民依托各类公益项目成立环保、互助、安全、青少年服务、长者服务等的社区志愿者队伍和组织，实现参与社区事务的组织化和持续性（表1）。

院落培育发展的社区社会组织一览表　　　　　　表1

组织名称	类型
邻里互助中心	邻里互助，开展义"仓义"集项目
邻里文化社	社区文娱
互助养老志愿者队伍	为老服务
互助支持小组	特殊家庭相互支持
坊间志愿者团队	社区文化
低碳促进促进会	社区环保
农耕小组	城市农耕
安全治理委员会	院落安全

　　一位院落居民参加酵素的学习后，自己钻研，自己实践，成为"酵素达人"，在教授小组其他成员如何制作酵素的同时，萌生了成立环保专项自组织的想法，在"爱有戏"的支持下，发起成立了"水井坊街道低碳主妇促进会"，并在民政局获得备案。

　　在此过程中，社区骨干及居民实现了业务能力和公共意识的同步提升。比如农耕小组不仅学会了农耕相关知识，在共同管理农耕土地的过程中，居民知道了规则、合作、沟通和协商的重要性，这些依托实践的教育，效果也更加明显。在农耕小组的基础上，后来又诞生了环保小组。这对居民个人而言，是从兴趣到专业的提升，对社区而言，既是一个组织的成长，也是一个公共领域的形成。

　　（2）依托公共活动空间，培育社区社会组织

　　在院落整治的基础上，爱有戏积极协调资源，与街道、社区一起，在院落中进行硬件打造，拓展了两个院落公共活动空间。一个是"儿童活动空间"，由专业组织介入，培育院落自组织"院落家长志愿者协会"，开展"快乐三点半"、"探索小屋"、"院落书屋"等活动；另一个是"水井坊市民空间"，开展长者服务项目，包括生日会、十字绣、书画赛、包汤圆、院落游戏、"周末好时光"等活动。基于活动，建立各类基于兴趣的社群，这些社群都是社区社会组织的基础。比如，书画比赛聚集的参赛选手们通过比赛相互认识，有了更多的交流，在此基础上，工作人员可以引导或者他们当中的人也会提出是否可以成立一个组织，让书画类的活动、学习可以更加常规化，这就是互益性社会组织的雏形。当然，在这个过程中，引导其提供一些公共的服务，比如在暑假的时候来教授青少年学习书画，那么，这个组织又朝着公共性的面向更进了一步。

　　（3）依托友邻学院，建立居民学习、交流的平台

　　为了培育社区骨干、社区积极分子及社区自组织成员的公民意识、公共精神，转

变他们的观念及提升参与社区公共事务的能力，"爱有戏"以"友邻学院"^①为依托，吸纳了一批有意愿参与社区公共事务，又希望得到提升的居民作为学员。"友"代表友爱、友谊、友善，"邻"代表邻里之间，"友邻学院"希望培训的每一个学员在这个大家庭里都能和睦共处、共同学习、互帮互助、共同进步，为社区贡献自己的一份力量。

"友邻学院"既是一个学习的平台，也是社区教育的一种体现方式。居民在学习中提升，在交流与实践中成长，学会了什么是公共精神、公共责任，如何参与社区公共事务，同时在亲身参与各类项目的过程中，实现理论学习与实践提升的互动结合，居民们都以身为"友邻学院"学员为荣。

2.5 治理后的新貌

截止到目前，67号院真正成为了有党组织、有自治组织、有服务平台、有居民公约、有自治活动的"五有"院落，自治组织真正发挥作用，能够参与公共事务，实现院落自治；院落车棚管理有序，停放有序，院落环境优美；院落提高每户门卫费的缴纳金额，同时加强群租房的管理，院落收益实现结余，不再依赖社区两委，并且实现院财院管；院落有公共空间可供居民议事与活动，有户外广场、体育健身设施可供院落居民使用；院落骨干懂规则、能博弈、会妥协，能够良性地参与院落的公共事务；院落自组织活跃，院落自组织自发开展院落互助、院落绿化、青少年活动、院落文体活动等各类活动。

3 案例总结

3.1 整治与自治相结合，推动老旧院落旧貌换新颜

老旧院落在硬件设施方面都面临先天不足和后天失养失修的普遍性问题。硬件设施是关系居民日常起居、切身利益的重要方面，也经常成为院落隐患、邻里纠纷的导火索。67号院充分把握老旧院落整治的机遇，同时推进居民自治建设，两者相辅相成。通过经历如下历程：传统居民自治建设→院落整治→整治刺激自治意愿→自治促进整治→整治改变院落环境→环境改变促进自治→院落自治及公共领域形成，最终，实现整治与自治、硬件与软件、个人与公共在相互影响中相互促进，进而不断优化改善。

以参与式规划为主线的院落治理，提供了院落居民参与的平台，建立了居民参与的机制，在选举、院落改造、组织培育的路径下，居民参与的能力、意愿、深度和广度都有了显著的改变。居民不再一味地依赖和抱怨政府，他们从选举时的抱怨，到基

---

① "友邻学院"是"爱有戏"社区教育类品牌项目，它是一个学习平台，在这个平台上，通过培训、社会实践等方式，教育社区骨干，培育社区社会组织。

于利益和兴趣的参与，再到基于对院落的认同、对邻居的友爱的合作，一步步在向理想的"生活共同体"迈进。

3.2 参加到参与的推进，实践院落参与式规划

67号院的参与式规划，重在探索如何让参与变得"真实"。一是参与的议题都来自居民的真实需求。二是通过制度设计，例如"市民论坛"，保证参与的常态化和正当性，居民在市民论坛上提出的问题，也影响着院落工作的推进节奏及内容。比如，居民提出需要改选院委会，院落治理的工作就自然将选举就作为工作重点。三是正确处理参与形式与参与结果的关系——以参与为结果，而不仅仅流于形式。各方力量在不断的沟通、协商中达成共识，真正让大家的声音得到体现。

坚持真参与，必须有真妥协。妥协不仅是居民需要学会的，也是街道、社区需要学会的。有关大院名字、院落地砖的选择、垃圾桶的摆放、防护栏的设计、雨棚的更换等各类具体的议题，政府、社区和居民都各自有自己的诉求，如何应对，正是检验是否是真正参与的试金石。以大院征名为例，当时社区领导非常中意"交子大院"这个名字，一来院落隶属于交子社区，可以体现为该社区的明星院落，二来体现交子文化（据说此地为第一枚纸币交子诞生地），三来"交子大院"简称一下，就是"交大"，听起来也很厉害，一举三得。但最终还是遵从了居民投票的结果，大院名定为较场坝东苑。社区领导后来回忆说，其实当时是有这个能力坚持"交子大院"的名字，但真参与的理念让他们坚持最终听取了居民的声音。后来街道社区区划调整也恰好应对了居民的想法①。

3.3 权利与义务的厘清，尝试建立多元参与的社区治理模式

在院落治理中，政府把握方向，支持、监督而不控制；专业社会组织运用专业能力，在不同的发展阶段，发挥不同的作用，比如技术专家、陪伴者、支持者等角色，协助与陪伴社区社会组织的成长；院落骨干在专业组织的挖掘、陪伴下，逐渐成长为有公共精神的理性公民；院落自组织依靠社区骨干，依托不同的载体，健康成长并逐渐成为社区治理及社区公共服务的主体之一；社区居民既是社区公共服务的享受者，也是社区问题的发现者、提出者。

"爱有戏"作为协助推动院落治理的社会组织，在各个阶段发挥重要作用。比如在培育内生力量的阶段，通过项目、空间和平台三种方式培育内生力量，在这个阶段，

---

① 当时院落在行政区划上隶属于水井坊街道交子社区，后来行政区划调整，将该社区划入较场坝社区。这一调整发生在院落征名确定之后，与居民投票的结果不谋而合。

"爱有戏"担当了重要的陪伴者角色，在通过不同的路径培育各类内生组织之后，最为重要的任务就是陪伴其成长。一个组织的成长，在不同的阶段会面临不同的问题，特别是居民组织，他们的内生动力的激发与保持，需要专业社会组织的持续陪伴，不断地给予鼓励和支持，才能够保持持续活跃。面对各类社会组织，鼓励其在院落中开展各种丰富多彩的院落活动和院落服务，既锻炼了他们的能力，让其参与到院落治理中，通过多种途径为辖区居民提供多样化和多元化的服务，增进居民之间的了解与交流，也让居民自治组织在参与过程中逐渐完善和成长。

由此，政府、专业社会组织、社区社会组织、社区骨干、社区居民相互支持，并带动社区其他主体参与，整合社区资源，形成一个系统而有机的整体，共同促进社区的有效治理，并且开始从传统的自上而下向自下而上的社区治理模式转变。

成都社区公共空间的参与式营造

张海波　　刘佳燕

1　项目背景

2016 年 6 月，为进一步深化成都市"三社联动"，统筹发挥基层政府、社会力量、居民群众的主体作用，提升基层社会治理水平，将城乡社区发展成为具有共同情感联结、共同社区意识、共同文化凝聚的社会生活共同体，成都市民政局下发通知，全面开展城乡社区可持续总体营造行动。此举正式拉开了成都市社区营造工作的序幕。当年，成都市民政局支持了 100 个项目开展社区营造。从 2016 年 8 月到 2017 年 6 月近一年时间内，这 100 个项目合计组织了 3143 场次活动，吸引了 329404 人次参与，培育社区领袖 789 名，培育社区自组织 282 个；打造社区公共空间 87 个；42 个社区建立了协商议事规则，应用协商议事规则 241 次，解决社区焦点问题 188 个；17 个社区建立了社区微基金，为社区营造带来源源不断的资金支持。2017 年作为成都全面推进社区营造的第二年，经过两轮评审，最终 107 个项目脱颖而出，其中有 39 个 2016 年立项项目持续立项，68 个新增项目首次获得资助。在 107 个项目中，有 95 个社区营造类项目，落地在 95 个村（社区）里开展社区营造行动。[①]

经过成都市社区营造持续两年的沉淀，涌现出了一批深扎社区、推动社区发展的社会组织。他们有对于社区的浓烈情感，也有对于社区营造工作的深入认识，与基层社区和居民打成一片。社区营造也培育了一批愿意转变思维、以居民福祉为盼的社区干部，他们从原来聚焦自上而下的行政事务和公共服务，转向更多思考如何

作者简介：张海波，成都幸福家社会工作服务中心理事长；
　　　　　　刘佳燕，清华大学建筑学院城市规划系副教授，博士。

① 梁巍.成都社区营造第二年107个项目再度出发[EB/OL].2017-11-17.http://news.chengdu.cn/2017/1117/1929355.shtml.

培育社区主体意识，激发居民参与共同改善社区生活。社区营造更激发了一批居民以社区为家，他们更加积极主动地参与社区事务，献计献策，更有担当地去介入社区问题。

2017年9月2日，成都市城乡社区发展治理大会召开。会上发布了《关于深入推进城乡社区发展治理建设高品质和谐宜居生活社区的意见》（以下简称《意见》）。《意见》提出，要培育向上、向善、向美的社区精神，促进天府文化深度融入社区建设和居民生活。深度发掘社区的文化特质，建设富有文化气质、独具魅力的特色街区和公共空间，探索建立乡愁展示馆、创意设计馆、艺术馆等，打造社区"文化家园"品牌。同时，实施市民志愿服务行动，更好地实现社区居民需求与志愿服务供给有效对接。

基于《意见》精神，在原有社区营造工作的基础上，社区治理将社区工作的外延进一步延伸，众多基层社区加快公共空间建设，对现有的社区活动室、邻里驿站、党群服务中心进行了翻新优化，提档升级。据不完全统计，有超过200个新建、改建社区公共空间已经打造完毕。一批批清爽、温馨、功能众多的社区公共空间涌现出来。

2 现有公共空间建设中的问题

在此次成都社区公共空间集中提档升级的过程中，有别于传统的自上而下地将公共空间作为社区办公场地的理念，现有空间在整体要求上更注重居民使用，但也暴露出以下几个主要问题。

2.1 公共空间的打造缺乏居民参与

部分公共空间的打造在街道办事处的指导下全部由社区一手操办，缺乏居民参与，缺乏对居民需求、兴趣的考虑，造成空间与居民实际使用脱节。在功能设计过程中，社区、街道与设计公司形成设计团队，自行"约定"空间功能，而与居民的真实需求偏差度较大。

另一方面，空间内容设置上也常常出现"重形式而轻使用"的现象，大量空间用于社区工作成绩或亮点项目展示，而服务于居民实际使用的空间却被大幅挤压。例如某街道的党群服务中心，共两层楼，为了迎检仓促打造完成。在设计前期并未有居民参与，对于建成后居民的使用缺乏考虑。空间功能分布如下表1所示，总计近900m^{2}的使用面积中，直接供居民活动或由居民自由支配的空间只有青少年活动中心和阅读室，合计55m^2，占比仅为6.11%。由此，造成日常居民不愿意来，来了

某街道党群服务中心功能设置　　　　　　　　　表1

楼层	功能	描述
一楼	便民服务中心	300m²，用于居民公共服务办理，自助办理事务
	智慧养老展示	80m²，量血压等健康指标，展示智慧为老服务，大型LED屏展示技术
	青少年活动中心	20m²，青少年活动物料存放空间，暂时空置
	关爱援助中心	30m²，负责相关服务的社会组织入驻
二楼	办公室	60m²，用于街道部分事务工作人员办公和社区工作人员办公
	大型会议室	80m²，部分时间可供舞蹈队使用
	小型会议室	30m²
	社会组织孵化中心	20m²，与协警办公室互用
	茶水间	5m²
	党建展示空间	20m²，展示党建工作和内容，附带乡愁故事馆
	阅读室	35m²，用于居民阅读和书画爱好者日常使用
	二楼露台	其他面积，暂未使用，考虑种花

也没地方去的尴尬境地。

2.2　公共空间的风格同质化严重

由于社区公共空间设计或改造的项目通常规模不大、时间紧，设计团队水平参差不齐，再加上社区决策水平往往有限，造成空间设计风格单一。目前常见有两种风格："北欧混搭日式风格"和"科技风格"。前者大量采用原木色家具和布艺，主张简约清爽。后者则主要是在LOFT工厂风基础上加入科技元素，多使用LED光带、大屏幕、互联网等元素装点空间。

通过调研30个社区的新建/改造公共空间（表2），我们发现"北欧混搭日式风格"使用较广，遍及成都市主城区和郊县。交流过程中，社区干部认为此种风格更新潮，更有质感，也能体现"文化"气息。"科技风格"一般常见于商品楼盘集中的新型社区中，由于此类社区中年轻人较多，相关风格更能吸引年轻人参与。"无风格"是指并未过多在乎外在的设计，空间打造较随意。"旧风格"是指仍然沿用原有的行政化办公风格，仅仅将上墙内容等翻新。后两类空间主要集中在农村社区。

2.3　公共空间的功能设计不合理

部分公共空间的设计追求大而全，但整体功能零散化、行政化，存在功能堆砌的情况。部分空间一味追求大场面、大格局、高规格，只求面积不求利用率，只求视觉冲击不求空间用途，只借鉴照搬不思考本地需求，造成不少空间浪费，形成大

30个社区公共空间风格分布　　　　表2

风格	数量	比重
北欧混搭日式风格	14	46.7%
科技风格	7	23.3%
无风格	4	13.3%
旧风格（办公室风格）	3	10%
其他风格	2	6.7%
总计	30	100%

量长期空置的低效空间（图1），风格上也较为混乱。功能规划上缺乏有效的引导，空间中盲目塞入党建、群团、行政等各类需求，但实际有不少空间的利用率较低。此外，还有不少空间强调功能的覆盖面，而没有考虑后续空间的长期运营和居民使用，导致维护不善，难以为继。例如在某农村社区，社区公共服务空间中有400m² 用于日照中心，但整个社区居民只有400户且散居，致使日照中心20个床位从未被使用过。此外，社区还设置了一间普法书屋、一间法律咨询室，面积共计超过40m²，据社区反映说是相关部门要求建设的，且提供了经费，但实际情况是长期空置。

2.4　公共空间的设计不切实际、追求概念

一些空间设计盲目追求时下流行的设计概念，但在概念解读上又较为表面。例如，部分公共空间为了追求所谓"开放空间"的视觉通畅和"大"格局，而忽略了实际使用中功能组合的规律和原则，造成空间使用之间的相互干扰。在无人使用的情况下尚觉清爽，一旦有居民使用后，嘈杂的声音相互干扰，致使各功能无法正常运转。例如，某农村集中安置社区在其社区活动中心的设计中，为了体现"去行政化"，采用了大

图1　长期空置的低效空间

量的开放空间概念。整个空间面积 200m²，活动内容涵盖前端接待、图书阅读、儿童游戏、老人议事、社区课堂、积分兑换超市等。由于采用开放空间形式，未进行动静分区，空间内只要有青少年活动的开展，其他功能则难以使用。

2.5 公共空间的内容过度商业化

在公共空间的内容选择上，部分空间引进书吧文创、餐饮咖啡、幼儿早教、医疗康养、科技生活等业态，将使用成本低廉甚至免费的公共空间转化为部分机构"牟利"的工具。社区公共空间作为政府公共财政支持下的公益性平台，对于所承载的内容需要慎重选择，应重在应对居民日常生活的基础性需求，有条件的情况下面向居民生活品质的进一步提升，而不是各类商业扎堆的集合体；应作为公益性社会组织、社会企业发展的孵化平台，而不是利用"低租金"优势与周边市场竞争的逐利体。例如，某街道办事处斥巨资打造了便民茶吧，在无房租压力的情况下低价提供产品，造成周边多家茶馆结业关门。

3 参与式公共空间营造方法

基于对上述问题的反思，成都"幸福家"社会工作服务中心基于社区营造的思路设计了"参与式公共空间营造"方法。以专业的艺术家/空间设计师团队、高校艺术和设计院系、社会组织、社区两委和社区居民多元参与的形式，以在地文化为脉络，以社区居民需求为依托，多元参与，广泛共鸣，全程陪伴居民携手共同打造公共空间。让每个空间是居民需求的放大，而不单纯是社区或政府需要的，让每个功能和构件都是有效的。

3.1 实施主体

以多元的主体参与共同构建社区设计团队，主要包括专业设计团队、社会组织、社区居委会/街道办事处、社区居民等。具体根据不同项目有所差异，并非每个项目都需要上述所有主体参与。

（1）专业设计团体

专业设计主要负责整体项目的空间设计。其来源可以是专业设计机构或高校设计团队。引入后者一方面可以提供专业支持，另一方面公共空间项目实施地也可以成为学校学生的实训基地。有条件的情况下还可以引入艺术家资源，通过艺术家挖掘在地文化，协同创造特色化的文化风貌。

（2）社会组织

社会组织主要作为项目运作的支撑执行机构，以社区营造的方法连接各方主体，重点推动居民参与，并确保居民需求能够被专业设计团队理解，使设计方案可落地执行。

（3）社区居委会/街道办事处

社区居委会/街道办事处在本方法中作为需求提供方，其本身有一定的空间需求，另一方面也协同收集居民需求，整合后提交给社会组织和设计团队。

（4）社区居民

社区居民作为需求提供方和具体实施参与者，主要负责需求提供、实施参与等。通过居民的参与，一方面让居民不仅是空间设计的选择者，更是建议者、实施者、决策者；另一方面，由于空间是自己参与的结果，故居民对空间本身的认同度会很高，更愿意主动参与空间维护。

3.2 实施路径

由于各个社区的文化底蕴、硬件条件、居民情况、社区需求的差异性，在参与式公共空间营造上会有不同的实施方案，普遍遵循以下路径：

（1）与社区居委会/街道办事处对接

专业设计团队、社会组织与社区居委会/街道办事处进行项目对接，收集梳理社区居委会/街道办事处的需求和社区基本信息。

（2）本地调研

专业设计团队进入社区展开调研工作，针对本地进行社区走访、文化溯源，实地全面搜集信息。

（3）居民对接与融合

社会组织进入本地开展社区营造工作，搜集居民需求，推动居民融合，为后续居民参与空间营造作准备。

（4）居民沟通与动员

与居民进行对接沟通和开展动员，引导居民将社区公共空间营造作为其关注的公共事务。同时，筛选愿意参与的居民骨干。

（5）参与式公共空间营造实施

由专业设计团队、社会组织、社区居委会/街道办事处、居民形成多方参与的协同工作项目组。构建"需求搜集–需求议定–需求实现"的内部工作流程，制定空间打造工作计划。从空间实现上来说：

功能设计上，需要考虑居民互益性服务内容的集成，同时也要关注社区居委会/

街道办事处行政性需求的实现。

视觉设计上，由专业设计团队基于多方需求将设计框架搭建起来，专业指导、群策群力地陪伴居民确认各项空间设计。同时，要兼顾在地文化和特色亮点的呈现。

（6）打造实现

公共空间打造过程。在过程中可以开展居民的监督，也可以由居民介入一部分力所能及的打造内容。

3.3 核心要点

参与式公共空间营造的方法强调以下几个核心要点：

（1）公共空间需要以在地文化为内核

每个公共空间，特别作为社区活动的中心地，都需要与在地文化产生关联，才可谓具有了灵魂和归属。让空间藉由在地文化与社区生活之间产生关系，才能与居民产生共鸣，进而吸引他们参与、关注、使用、维护，才能真正地让公共空间成为居民社区生活的一部分。

（2）公共空间营造需要深入广泛的居民参与

一个受欢迎的公共空间应是充分考虑了政府、社区和居民等各方建设者、使用者和经营者的需求的。其中，以居民为主体的全程参与是空间营造的主线，能从需求提供、规划布局、功能定位、内容填充、服务供给、空间维护等方面提供支持，通过沟通、探讨、议事等多种形式形成共识和公共决策。甚至于公共空间的外观设计、展陈物品，包括如空间 LOGO、桌布、照片等，都可以全面吸纳居民参与谋划。

（3）公共空间设计需要重视使用行为研究

作为社区公共生活的中心，公共空间的核心指向是尽可能多地为社区提供便利、舒适的使用，而不是简单地陈设或展示。所以在设计中，需要对使用者、使用频次、使用方式等内容进行深入研究，根据动与静、公共与私密以及使用群体和使用时间的不同，形成差异化功能模块及其组合模式，从而提升空间使用效率与效益。

（4）公共空间的运营需要考虑可持续性和可参与性

公共空间的运营如果完全依赖于政府的单方投入，是难以长久的，也是缺乏生命力的，因而需要探索吸引社会组织特别是社区居民参与空间运营的多种途径。特别在公共空间营造的初期阶段，需要把功能策划、模块组合的设计与后期运营统筹考虑，以公共空间为载体，以政府投入推动社区自治，进而撬动居民之间的互助服务，形成强大的自我造血能力。

4 参与式公共空间营造案例

4.1 户外篇：花篱社区公共小广场

本案例发生在成都市温江区永宁镇花篱社区。社区位于永宁镇西北，东接永宁镇城武社区，西、南邻靠郫县德源镇，北接永宁镇八角社区，社区办公点距永宁场镇2km，一条宽 8m 的花篱大道贯穿全境。社区幅员面积 3.47km²，耕地面积 3689 亩，辖17 个居民小组，小组居民代表共 77 人，农户 1197 户，户籍人口 3013 人，2017 年人均年可支配收入约 15000 元。现居民都居住在集中安置小区"田园花篱"（图 2），经初期走访调查发现，该社区居民整体受教育水平较低，绝大部分还保留原来的村民意识；居民对社区的认同度不高，对个别社区工作人员有怨言；同时居民普遍希望社区能提供更多的公共服务，尤其对医疗和为老服务的需求最为迫切。本案例记录了通过参与式方法营造社区公共小广场的过程，以及其中居民从"提要求"到自主维护的转变历程。

（1）社会组织启动社区营造

2017 年 10 月，在温江区永宁镇镇政府的支持下，"幸福家"来到了"田园花篱"小区，并将其作为"陪伴参与式社区营造"的试点。

首先，我们发掘了本地的两个居民作为合作伙伴，正式开启了社区营造之路。最初的工作是居民走访，了解居民需求（图 3）。我们与花篱社区的居委会及骨干居民进行了深入沟通，对于居民们的生活情况，以及居委会工作中的主要问题和困难有了初步的了解。由于调研人员就是当地土生土长的居民，所以工作启动非常顺利且深入。

11 月开始，我们全面展开了"陪伴参与式社区营造"工作。在前期调研的基础上，我们选择了居民最为关心的为老服务为切入点，通过为老人提供量血压、陪聊等服务关心他们的身体健康，以更好地获得居民信任（图 4）。接着，通过四川人喜欢的饮茶形式组织"阳光下午茶"活动，逐步融入居民生活，从家长里短中深度了解居民需求。

图 2　花篱社区平面图

图3　走访了解居民需求　　　　　　　　图4　通过服务和居民走到一起

进而，针对需求形成议题，引导居民自主思考和解决问题。对于那些需要常态化、长期性介入才能解决的问题，通过培育社区自组织的方式，让居民完成组织化建设后，通过机制来长效解决问题。

随着工作的不断展开，我们逐步获得了居民以及社区、乡镇的信任，每天都有数十个居民和我们在一起，多支志愿者队伍也相继成立。社区营造工作开展约4个月之后，一个关于公共小广场的需求出现了。

（2）当居民们需要一个广场的时候

跳广场舞是当地居民日常文娱活动中不可或缺的一部分。居民们最初是在小区中心的空地上跳舞，可好景不长，因为噪声扰民问题有不少居民到社区居委会投诉。在协商的过程中，双方一直未能达成共识，跳舞的人群常常受到其他居民责难，甚至还出现了楼上往下泼水的情况。小区里不让跳，小区外又是大马路，不久跳舞活动就中止了。

社区营造工作的一个重要常态化内容就是几乎每天都会在小区组织"阳光下午茶"活动，由此动态搜集居民需求（图5）。在活动中，居民们经常讨论的话题都是"我们需要一个可以跳舞的广场"。

（3）既然要广场，大家一起去申请

在了解到关于跳舞广场的这一现实矛盾后，我们联系了几个居民骨干私下展开讨论：怎么解决这个问题呢？是建议社区两委出面解决还是寻求其他方法呢？是不是所有的问题都要社区或者政府去解决？如果社区两委出面并解决了，那会不会给居民一个信号，只要有需求，只要去闹，社区就该满足而且必须满足？如果不借助社区两委的力量，靠自己如何解决？如果需要居民参与，又该如何参与呢？经过讨论，大家最

图5　通过"阳光下午茶"动态搜集居民需求

图6　大家共同寻找"我们的空间"

图7　社会组织与乡镇社区沟通

终达成共识：由社会组织、居民和社区两委一起解决这个问题，只有多元参与才能把社区建设得更加美好。

接下来就是把决议转化为行动。借助居民服务小分队义务为居民测量血压、血糖的契机，抛出"寻求一处跳舞广场"的议题与居民讨论。居民志愿者骨干一边为居民服务，一边积极地探讨这个事情，并有意识地引导居民自行寻求解决方案。很快地，"跳舞广场"成了小区居民们的一块"心病"，成了小区的焦点。不久后，部分热爱舞蹈的居民坐不住了，他们在社会组织的陪伴下，开始在周边找寻可用的空间（图6）。

与此同时，社会组织邀请永宁镇政府和花篱社区共同举行了多次协调会（图7）。会上，社会组织将发现的居民需求做了整体反馈。镇分管领导和社区高度重视，经过三轮讨论沟通，社区提出可以将社区办公区域围合的一个内院荒地改造成广场供居民使用。最后，形成关于广场改造的共识：由居民为主体全程参与改造小广场，社会组织做引导，社区和乡镇提供一定的资源支持。围绕广场改造的组织工作，进一步协商形成了六条共识：①整个过程要充分体现民意。但注意不能让居民觉得只要去找社区，社区就必须提供这些资源；②关于广场改造的需求，需要居民自主组织，搜集民意；③广场需求提交后，不能马上答应居民的需求，需要一个适当的等待过程，避免传递错误信号；④整个过程中，居民的参与和付出很重要，无论是出钱还是出力，只有这个过程才能让居民珍惜空间的使用；⑤广场旁的大白墙可以作为一个展示内容，展示广场打造的过程；⑥在广场打造完成之前，需要引导居民共同制定使用公约。

接下来，在获得社区认同的情况下，社会组织指导爱跳舞的居民们开始着手搜集意见，以让更多人了解和支持改造小广场。在拟定好申请书后，志愿者们表现出了很高的积极性，觉得这是一个特别好的事情，是在为自己也为整个小区居民谋福利，都希望通过大家的努力能够把这个事情落实。通过在广场现场宣传和一户一票的活动，"申请修建小广场"成为小区内最关注的事件（图8）。当然，在搜集意见的过程中也有居民不了解状况和反对的。居民担心荒地改造后，依然会受到跳舞声音的干扰。这时社区居委会出面向居民做解释工作，并创造机会让更多的居民参与交流，相互沟通。短短半个月不到，广场改造的提案获得了几百户居民的支持。当获得超过半数的居民签字后，大家郑重地撰写了一份申请书，连同签名提交给社区居委会，希望社区同意并给予一定的支持。

图8　搜集居民意见并签字同意

图9　大家一起来清理杂草

图10　自己的事情干着也开心

（4）大家的事情，大家一起来参与

很快，社区居委会将申请递交给乡镇。永宁镇在综合评估了可行性的情况下同意给予一定的资金支持，同时发动周边的商户再募集资金不足的部分。

在等待政府审批的过程中，居民们也没闲下来。他们的聊天话题变成了"我们先把荒地的野草拔了吧，这样好快点开工"，"我们商量下给广场起个好听的名字吧，怎么装饰广场呢"，"要不要以后我们在周边重点花草"等。

居民们通过志愿者活动的形式把荒地的野草清除干净了（图9、图10），背后的希冀是通过自己的行动更快地推动广场改造。场地清理之后，社区居委会主任也加入到宣传的行列中，组织带领没有参与的居民来观看志愿者的劳动成果，并向大家介绍未来小广场的具体用途。社区的进一步介入，也让居民有了更多的期待。

为了更好地管理小广场，避免类似扰民事件的再次发生，居民们通过讨论共同制订了"一家亲小广场使用公约"。

一家亲小广场使用公约

1. 从公约实施即日起，各小区各队伍，无论阵容大小，领队或负责人需在社区居委会备案，服从本使用规约。

2. 广场舞活动应以夜间和早晨为主，冬令时间（10月1日至次年4月30日）早上7点前、夏令时间（5月1日至9月30日）早上6∶30前，12—14点、晚上21点后，不能进行有音乐伴奏的广场舞活动。如遇中高考、社区加班等特殊情况，自觉减少活动时长或暂停活动。

3. 开展广场舞活动时，音乐声源（扬声器、音响等）处音量值不应超过85dB。在距离音乐声源最近的噪声敏感建筑物处，白天音乐平均音量不应超过60dB，晚上音乐平均音量不应超过45dB（智能手机可免费下载噪声测试仪进行实时监测）。

4. 使用一家亲小广场请自觉遵守公共秩序，爱护公共设施，维护公共环境卫生。

5. 违反上述规定，在一家亲小广场开展广场舞活动使用音响器材，产生干扰周围生活环境的过大音量的，根据国家《环境噪声污染防治法》第五十八条规定，由公安机关给予警告，并处罚款。

开工之后，居民们每天闲暇时总会去看两眼（图11），了解小广场建设进度，等待着他们自己的舞蹈广场的到来。

（5）自己的广场，我们自己来维护

等待了几个月，广场终于完工了。完工当晚就有舞蹈队的居民迫不及待地开始在广场里翩翩起舞。"这就是我们的一家亲广场啊！这还是我们自己起的名字！"（图12）"自己争取的就是不一样！"大家都兴奋地拍着手，也许这是他们第一次通过自

图11　广场边热心的居民监工

图12　我们决定广场的名字

己努力去获得一个公共空间。

空间的打造不是一蹴而就的。不久就有位阿姨提出意见："现在广场是打造好了，但是这广场光秃秃的除了几个凳子之外什么都没有，能不能种点花花草草，这样看起来更美观？"收集了这个意见后，我们并没有马上和政府申请，而是先尝试求助于居民和周边的商户。提议的阿姨第一个站出来捐了 50 元钱，"既然是我们自己的广场，我们自己让它更漂亮吧！"在短短一周内就筹集到了 1635 元的公共资金，用于购买绿植。4 月 28 日下午，社区志愿者和小小志愿者们准时来到小广场。大家自己带着铲子、锄头、铁锹、水桶等各种种植和浇水的工具，青少年负责挖土和浇水，成年居民和社区干部负责种植和协助，大家亲手种植和美化广场（图 13、图 14）。很快，小广场内就种上了绿植，充满了生机。面对绿植日常维护的问题，居民们成立了一支"护绿志愿者队伍"，每周二、四、六分别由 3~5 人的小组对绿植浇水维护，"这是我们亲手种的，可不能都枯死了！"

也许打造好后的小广场不够漂亮，也不够高大上，但这是居民们所需要的，是居民们集体活动的阵地（图 15、图 16）。全程参与了小广场的建设之后，居民们更加珍惜这来之不易的成果。临近高考时分，居民们相互转告，一致同意在考试期间暂停小广场的使用。可见，通过参与式公共空间营造的这一过程，不仅能凝聚人心，还能让参与者更有担当，更学会对他人的理解与包容。

图 13　大家亲手种植和美化广场

图 14　大家一起来打扫

图 15　打造好后的小广场

图 16　居民们集体活动的阵地

图 17　横桥社区平面图

图 18　横桥社区服务中心外景

4.2　室内篇：横桥社区服务中心

本案例发生在成都市成华区双水碾街道横桥社区（图 17）。横桥社区北起成都市北三环路，南至成渝铁路北侧，东临双荆路口，西至荆竹南街口，占地约 2km²，辖区内现有居民 10459 户，26015 人，流动人口 4080 人，党员 178 人。这里是一个商品房小区、企业宿舍区和安置保障房小区夹杂的混合型社区，居民构成多样化程度很高，从而带来需求的差异度也很大。现状社区内最突出的主要问题是公共服务供给不足。本案例记录了通过参与式公共空间营造的方法从设计到建设一处室内社区服务中心的全过程（图 18）。

（1）意向沟通，形成参与共识

需要打造的公共空间位于横桥社区一处开放公园中的独栋建筑内。相关建筑原为售楼中心，街道和社区计划将其打造为"党群服务中心"提供给居民使用。基于此，首先由景观设计师、艺术家、社会组织与街道、社区开展了一场关于公共空间营造的项目说明会（图 19），初步了解公共空间周边情况，以及街道和社区的营造意向和使用需求。通过说明会，各方对项目达成共识，同时汇总各方的主要需求如下：①要设置社区办公室，提供便民服务内容，同时考虑去行政化的亲民化氛围营造；②要适当

图 19　街道和社区的项目说明会

图 20　横桥社区空间需求坝坝会

体现党建的内容；③要融入面向老人、妇女、儿童的服务内容；④适当加入体现本地特色和文化的内容；⑤赞成在空间营造上充分吸纳居民参与。由此制定了整个参与式公共空间营造工作计划，并将主基调确定为："不是要雷同地去创造一种生活文化，而是放大社区本有的生活文化。"

（2）本地采风，发掘梳理社区需求

设计师、艺术家和专业学生进入社区开展采风工作。他们从专家独有的视角出发，了解社区概况，追溯本地历史，深挖地方文化，走访居民家庭，熟悉生活方式，进而形成一份关于社区的采风报告，对本地的历史、社会、人文、风俗等进行整体描绘。

社会组织同时进入社区，开展陪伴参与式社区营造，实现与居民的破冰，了解居民需求，挖掘骨干居民，推动居民融合，为后续居民参与空间营造做准备。例如，通过喝茶聊天这一当地普遍的休闲和沟通方式，发现社区中有不少0~6岁小孩的全职妈妈，她们非常希望相互认识，沟通育儿经。在需求发掘和分析过程中，我们也发现横桥社区居民分为两种：一种为集中安置居民，一种为购买商品房的居民。集中安置居民的需求多为娱乐需求，购买商品房的居民多为教育、兴趣小组等需求。为了更广泛搜集需求，我们还组织了两次公共空间营造坝坝会（图20），以议事的方式公开收集居民需求。

通过为期一个月的调研工作，共汇集形成了27条居民主要需求，覆盖老年人、商户、青少年、妇女等多个群体。这些需求既有娱乐需求，又有教育成长需求。部分社区组织和社区能人也提出了对于空间和活动的需求。例如，书画社希望能有一个空间作为创作和成果展示的阵地，同时，他们也提出愿意每月开展公益服务活动，为社区内的青少年学习书画提供指导和培训。由于居民群体的差异，如何融洽地覆盖尽可能多的居民是设计工作下个阶段的关键。

图21　横桥社区公共空间需求讨论会

（3）居民主体，多方探讨形成功能策划

接下来，设计师、艺术家和社会组织进行需求梳理，将重复、近似的需求合并，形成联合解决方案，针对每个需求形成不少于3条的实施建议。对于一些现阶段无法实现的需求，例如建设公共厕所等，纳入下一轮多方会议，大家共同商议决策。

继而，通过公开招募参与者的方式，组织了三场由街道、社区、居民、社会组织、艺术家、设计师等多方参与的需求讨论会（图21）。第一场主要是针对前期讨论的实施建议进行讨论和决策。会上，确定了主要的各项需求，并对照空间平面图初步确定主要功能模块的位置。在整个过程中最大的争议是能否划出一片空间交由居民自我管理。在现场居民代表的极力争取下，最后决定在二楼预留4个房间给居民作为自管空间。第二场主要是确认需求在空间中的实现。通过讨论，为部分有特殊需求的社会团体和居民自组织队伍提供了活动场地，同时也确认了在二楼拿出近一半的空间，通过公开招募的形式，邀请社区居民承接运营。第三场，主要针对各个空间如何运营进行探讨，构建每个空间的运营规则和权责清单。例如，会上确定由舞蹈队骨干负责练功房的日常维护，包括保洁、开关门、日常申请管理等。

（4）设计确认，居民积极参与营造

在明确各个模块的功能后，由专业设计公司进行室内设计。初步设计方案完成后，展开了面向社区居民的互联网公开投票，由居民针对各个功能模块选择自己中意的设计效果。经过半个月的投票，最终确定了空间设计方案。在装修施工上，硬装部分由装修公司完成；之后家具和软装部分主要由居民自行完成。例如，家具是由家具厂定制后，居民自行组装；窗帘是通过集中采购窗帘布后，居民自行缝制和悬挂。

本案例的硬件打造工作还在紧锣密鼓地进行中，我们前期努力的工作已经初见成效。关于空间的微信群里面已经有超过200个居民。每天，他们都有一些沟通内容，时不时也有创新的点子冒出来，然后大家会针对讨论。每周，我们也会将空间打造的进展进行展示，让公共空间成为居民热议的话题。这个公共空间不再是冷冰冰的活动室，而是他们自己的，他们自己需要的，社区社会生活的一个部分。相信空间打造完成后，公共空间会更丰富而有生机。

5　难点与挑战

通过"参与式公共空间营造"方法在成都的尝试，我们看到，公共空间营造的结果是承载社区居民生活的公共产品，它应该是居民需求的集中体现，能多维度展现在地文化和生活，并且能实现长期、可持续的运营。相对于空间本身，空间营造的过程更为重要，这个过程需要以居民为主体的社区多元参与，这是提升居民公共意识、形塑公共精神的重要过程。以居民为主体的公共空间营造是社区营造中一个非常重要的切入点，借此可以让居民从思考、参与、选择、决策、运营等全面介入公共空间的建构，提升居民公民意识，推动社会融合。而公共空间的长效运转，亦是居民意识转变、能力提升的阶段成果和最好体现。

与此对应的，在参与式公共空间营造的前期实施过程中，我们也发现有六个难点和挑战。

一是项目的长期性问题。参与式公共空间营造不同于以往简单的空间设计项目，因为涉及各方之间协商、沟通和合作，整个项目的实施往往需要较为长期的参与过程，很多时候甚至需要反复多次、不同程度、不同方式的沟通协商，因而需要各参与主体对此有正确的认识和足够的耐心。

二是社区融合的问题。我国快速城镇化进程背景下，社区中居民构成较为复杂，不同居民的生活方式和喜好差异较大，特别兼有商品楼小区和老旧院落的混合型社区，较难在居民之间达成共识，在前期的需求征集和意向协调上往往需要付出更多的关注和投入。空间打造完成后，也需要在服务内容、活动组织方式上用心策划，通过持续努力，推动不同群体间的社会交往与融合。

三是学会倾听的问题。以往社区活动空间的建设过程中，政府往往拥有绝对话语权，常以"代言人"的身份行使大部分的决策权。如何说服政府回归主导者身份，将更多的参与和决策权力交由社区和居民，需要在前期进行思想沟通和措施商议等大量的铺垫工作。

四是空间设计中"给谁看"和"给谁用"的平衡问题。公共空间打造成为当前社区营造中最富有显示度的成果之一。一方面既要考虑空间设计的视觉效果，营造对社区居民的吸引力，也是成果展示的重要亮点；另一方面也需要避免"过度设计"，关注空间的真实使用，营造亲民化和富有归属感的空间氛围。

五是空间打造的筹资与筹力问题。公共空间的使用诉求来源于居民，但当前社区"向上等靠要"现象较为突出，需要尽可能拓展社区公共活动资源的来源渠道和整合机制，这不仅限于政府投入，还应包括基金会、社区企业和居民的捐助等，甚至来自当地工作和生活群体的人力投入，背后则是资源挖掘和链接能力的提升，以及公民教育的支撑。

六是空间后续运营的可持续性问题。空间打造不是一蹴而就，也不是"一锤子买卖"。在空间打造过程中我们有考虑到让居民介入空间运营、推动后续使用的有效运转。但是在逐步交由居民管理、使用空间的过程中，仍然需要一个较长的历程，逐步推动居民的意识转变和能力提升。而现有情况下，大多数社区更倾向于直接向专业社会组织购买服务，而不是培育居民自主运营。

基于此，参与式公共空间营造的更大挑战是空间营造完成之后，如何伴随空间的使用进行持续性评估和采取优化措施，如何培育社区力量自主运营空间，以及如何让居民更有担当地相互服务。